全国职业培训推荐教材
人力资源和社会保障部教材办公室评审通过
适合于职业技能短期培训使用

电子装接工基本技能

（第二版）

中国劳动社会保障出版社

图书在版编目（CIP）数据

电子装接工基本技能/黄培鑫主编.—2版.—北京：中国劳动社会保障出版社，2013

职业技能短期培训教材

ISBN 978-7-5167-0261-1

Ⅰ.①电… Ⅱ.①黄… Ⅲ.①电子技术-技术培训-教材 Ⅳ.①TN

中国版本图书馆 CIP 数据核字（2013）第 051612 号

中国劳动社会保障出版社出版发行

（北京市惠新东街 1 号 邮政编码：100029）

出 版 人：张梦欣

*

北京市科星印刷有限责任公司印刷装订　新华书店经销
850 毫米×1168 毫米 32 开本 4.875 印张 124 千字
2013 年 5 月第 2 版　　2024 年 1 月第 16 次印刷
定价：10.00 元

营销中心电话：400-606-6496
出版社网址：http://www.class.com.cn

版权专有　　侵权必究

如有印装差错，请与本社联系调换：（010）81211666
我社将与版权执法机关配合，大力打击盗印、销售和使用盗版图书活动，敬请广大读者协助举报，经查实将给予举报者奖励。

举报电话：（010）64954652

前言

　　职业技能培训是提高劳动者知识与技能水平、增强劳动者就业能力的有效措施。职业技能短期培训，能够在短期内使受培训者掌握一门技能，达到上岗要求，顺利实现就业。

　　为了适应开展职业技能短期培训的需要，促进短期培训向规范化发展，提高培训质量，中国劳动社会保障出版社组织编写了职业技能短期培训系列教材，涉及二产和三产百余种职业（工种）。在组织编写教材的过程中，以相应职业（工种）的国家职业标准和岗位要求为依据，并力求使教材具有以下特点：

　　短。教材适合 15～30 天的短期培训，在较短的时间内，让受培训者掌握一种技能，从而实现就业。

　　薄。教材厚度薄，字数一般在 10 万字左右。教材中只讲述必要的知识和技能，不详细介绍有关的理论，避免多而全，强调有用和实用，从而将最有效的技能传授给受培训者。

　　易。内容通俗，图文并茂，容易学习和掌握。教材以技能操作和技能培养为主线，用图文相结合的方式，通过实例，一步步地介绍各项操作技能，便于学习、理解和对照操作。

　　这套教材适合于各级各类职业学校、职业培训机构在开展职业技能短期培训时使用。欢迎职业学校、培训机构和读者对教材中存在的不足之处提出宝贵意见和建议。

人力资源和社会保障部教材办公室

简介

本书共四个单元。第一单元电子元器件的识别与测量技能，讲述了电阻器、电容器、晶体二极管、晶体三极管等常用电子元器件外形识别及测量技能。第二单元电子元器件插件与导线的加工技能，讲述了电子元器件的成形技能、插件技能和导线的加工技能。这些都是电子装接工作中不可缺少的工作技能，与电子装接技能紧密相关。第三单元电子元器件的焊接与拆焊技能，讲述了手工焊接（电烙铁焊接）的方法及要领，工具、焊料的选用以及焊接工具的修理技能。第四单元是电子产品电路的装接实践。通过本单元的学习，培养学员整体装接的操作技能。

本书突出应用性和实用性，把技能训练与专业知识相结合，把教学与企业需求相结合。全书图文并茂，训练方法贴合实际，技能要求规范标准，可操作性强。

本书由江苏省南通技师学院黄培鑫主编，江苏省南通中等专业学校陈晓佳参编。

目录

第一单元　电子元器件的识别与测量技能·················（ 1 ）
　　模块一　电阻器的识别与测量技能·················（ 2 ）
　　模块二　电容器的识别与测量技能·················（ 29 ）
　　模块三　二极管的识别与测量技能·················（ 47 ）
　　模块四　三极管的识别与测量技能·················（ 61 ）

第二单元　电子元器件的插装与导线加工技能···········（ 82 ）
　　模块一　元器件的引脚成形技能···················（ 82 ）
　　模块二　元器件的插装技能·······················（ 87 ）
　　模块三　导线的加工技能·························（ 91 ）

第三单元　电子元器件的焊接与拆焊技能···············（ 95 ）
　　模块一　元器件的焊接技能·······················（ 95 ）
　　模块二　元器件的机器焊接······················（108）
　　模块三　元器件的拆焊技能······················（111）

第四单元　电子产品电路的装接实践···················（116）

培训学时建议·······································（149）

参考文献···（150）

第一单元　电子元器件的识别与测量技能

培训目标：
1. 适应企业生产中识别常用电子元器件的种类区分的技术需要。
2. 适应企业生产中判断常用电子元器件性能参数的技术需要。
3. 熟练判断常用电子元器件的性能优劣。

培训要求：
1. 掌握电阻器的识别与测量技能。
2. 掌握电容器的识别与测量技能。
3. 掌握二极管的识别与测量技能。
4. 掌握三极管的识别与测量技能。

电子装接中，通常涉及的电子元器件有电阻器、电容器、半导体二极管、半导体三极管、集成电路、发光管、传感器、继电器等。要学会对这些电子元器件的装配技能，首先要认识这些电子元器件，了解它们的性能，并掌握判断它们优劣的测量方法，才能很好地掌握、运用它们，并能将这些电子元器件准确地进行装配和组装。

电子元器件的识别与测量是电子装接工的基本技能。掌握电子元器件的识别与测量技能，是保证完成装配任务的前提和必备条件。本单元主要学习电阻器、电容器、半导体二极管和半导体三极管这些较常用的元器件的识别与测量技能。

模块一 电阻器的识别与测量技能

一、电阻器的作用与类别

1. 电阻器的作用

电阻器是一种能使电子运动产生阻力的元件，是一种能控制电路中的电流大小和电压高低的电子元件。如使用的电阻器阻值大，则电路中的电流就小，电压值就低；反之，则电路中的电流就大，电压值就高。所以，电阻器在电路中有稳定和调节电流、电压的作用，既可以作为分流器和分压器，还可以作为消耗功率的负载电阻。

2. 电阻器的分类

电阻器分为固定式和可变式两大类。固定电阻器主要用于阻值固定而不需要变动的电路中，起限流、分流、分压、降压及负载和匹配等作用。

可变电阻器分为可变和半可变两类。可变电阻器又称变阻器或电位器，主要用在阻值需要经常变动的电路中，用来调节音量、音调、电压、电流等。如收音机、随身听中的音量调节；歌舞厅调音室中的调音台音量推子（各路音量电位器）等。按照结构不同，可变电阻器分为旋杆式（旋柄式）和滑杆式两类。

半可变电阻器又称微调电阻器或微调电位器。主要对某电路进行调试时作调整之用，使电路符合设计要求。调节时，通过调节微调电阻器的旋转触点，改变其与两侧固定引出端间的阻值，即改变微调电阻器的阻值，从而达到调整电路电压、电流的目的。

按照电阻器的制成材料与制成结构的不同，可分为碳膜电阻器、金属膜电阻器和金属线绕式电阻器等，部分电阻器实物如图1—1所示。电阻器的基体通常采用耐高温，并且有一定机械强度的绝缘材料制成，如陶瓷等。为了方便生产和使用，通常将电阻器的基体做成圆柱形。

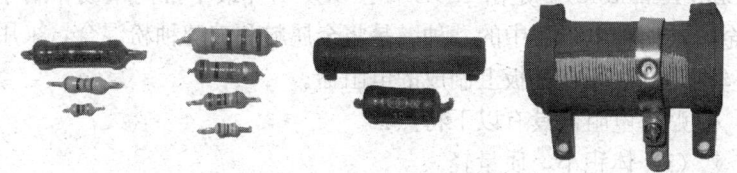

图 1—1　部分电阻器

在制作电阻器时，首先按其功率大小确定电阻器的基体大小；再将带有引线的金属帽，套在电阻器基体的两端；然后在电阻器基体的四周均匀地涂上碳膜涂层；再给各种阻值的电阻器印上各种阻值标识，就制成了一只碳膜电阻器。金属膜电阻器的外表涂的是一层金属膜涂层，所以比碳膜电阻器的性能好。线绕电阻器是将金属电阻丝绕在基体上而制成。线绕电阻器体积较大，但其性能比碳膜电阻器和金属膜电阻器都好。

金属膜电阻器的阻值范围比较大，可以从零点几欧姆至几十兆欧姆，但功率比较小，一般 2 W 以下的为常见。线绕式电阻器的阻值范围比较小，通常为零点几欧姆至几十千欧姆，但功率较大，最大可达几百瓦。

随着电子设备产品小型化的推进，贴片型元件的使用也越来越广泛。大的控制设备，如挖掘机的计算机控制板，小的电子产品如蓝牙耳机、耳道助听器等，都大量使用了贴片型元件。贴片型电阻器的实物如图 1—2 所示。

图 1—2　贴片型电阻器

贴片电阻器（SMD Resistor）又叫"厚膜片式固定电阻器"（Chip Fixed Resistor），或称"矩形片状电阻"（Rectangular Chip Resistors），是由 ROHM 公司发明并最早推向市场，属于金属玻璃釉电阻器中的一种。是将金属粉和玻璃釉粉混合，采用丝网印刷法印在基板上制成的电阻器。

贴片电阻器具有以下特点：
(1) 体积小，质量轻。
(2) 适合波峰焊和回流焊。
(3) 机械强度高，高频特性优越。
(4) 常用规格的价格比传统的引线电阻还便宜。
(5) 生产成本低，配合自动贴片机，适合现代电子产品规模化生产。

贴片电阻器由于价格便宜，生产方便，能大幅度减少 PCB（印制电路板）面积，减小产品外观尺寸，现在已取代了大部分传统引线电阻。

二、电阻器的识别技能

1. 电阻器的图形符号与代号

电阻器在电路中的图形符号如图 1—3 所示。

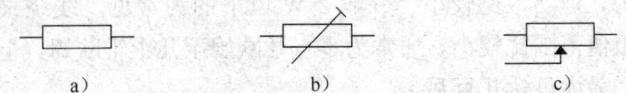

a)　　　　　　b)　　　　　　c)

图 1—3　电阻器图形符号
a) 固定电阻器　b) 可变电阻器　c) 电位器

固定电阻器在电路中的文字代号为"R"。如在电路中使用两个电阻器，就将它们编成"R1、R2"。如在一个电路图中有 20 个电阻器，则可以将它们分别编为 R1、R2、R3、……、R20。

可变电阻器和电位器的文字代号为"RP"。如在一个电路图中有 3 个电位器，则可以将它们分别编为 RP1、RP2、RP3。

2. 电阻器的串、并联及其作用

(1) 电阻器的串联及其作用。把2个或2个以上电阻器的首尾相连，即为电阻器的串联。电阻器串联相当于电阻物理长度增加，使总阻值增大。如将三个电阻串联，串联后的阻值等于各个电阻值之和（见图1—4）。

```
R1 1k  R2 2k  R3 3k     R 6k
 U₁    U₂    U₃    =     U
```

图1—4 电阻器的串联

串联后的总电阻值　　$R=R_1+R_2+R_3$

各个电阻器上的电压降（也可以看成是电阻器的分压）是这个电阻器占总电阻的比值乘上接在总电阻器上的电压。

R1上的分压 $U_1=R_1\times U/(R_1+R_2+R_3)$
R2上的分压 $U_2=R_2\times U/(R_1+R_2+R_3)$
R3上的分压 $U_3=R_3\times U/(R_1+R_2+R_3)$

(2) 电阻器的并联及其作用。把2个或2个以上的电阻并排地连在一起，电流可以从各条途径同时流过各个电阻，这就是电阻的并联。如将图1—5中的三个电阻并联，其结果就相当于电阻截面积加大，总电阻值减小。

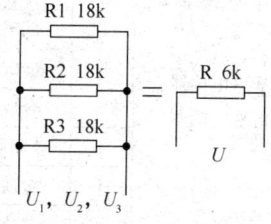

图1—5 电阻器的并联

并联后的总电阻　　$R=U/I=1/(1/R_1+1/R_2+1/R_3)$

并联时各电阻器承受的电压降相同，即 $U=U_1=U_2=U_3$
并联电路中的总电流等于各电阻上流过的电流之和。
$I=I_1+I_2+I_3=U/R_1+U/R_2+U/R_3=U(1/R_1+1/R_2+1/R_3)$

电阻器无论串联或并联，电路中消耗的总功率是各个电阻器消耗功率之和。在对电阻器进行串、并联时，要注意各电阻器功率最好一致或相近。

三、电阻器的识别

电阻器的识别包括电阻器阻值的识别,电阻器功率的识别,电阻器制成材料、性能的识别等。每个电阻器都有它自己的型号,以表示其类别(固定式电阻器或可变式电阻器)、材料(碳膜材料或金属膜材料或其他材料)、性能(高频或低频,线性式调节或指数式调节等)、阻值和误差精度等。

电阻器型号一般有4位(固定式)或5位(可调式)字母及数字表示,其含义见表1—1。

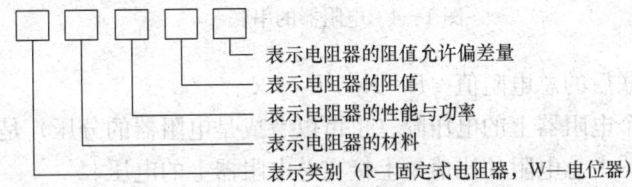

— 表示电阻器的阻值允许偏差量
— 表示电阻器的阻值
— 表示电阻器的性能与功率
— 表示电阻器的材料
— 表示类别(R—固定式电阻器,W—电位器)

表 1—1　　　电阻器和电位器型号命名方法

第1位	第2位	第3位		第4位	第5位
字母	字母	数字和字母		数字和字母	数字
R(电阻器)	T	碳膜	1	普通	表示电阻器阻值	表示电阻器阻值允许偏差量
	P	硼碳膜	2	普通		
W(电位器、可变电阻器)	U	硅碳膜	3	超高频		
	H	合成膜	4	高阻		
	I	玻璃釉膜	5	高温		
	J	金属膜	7	精密		
	Y	氧化膜	8	高压;特殊		
	S	有机实心	9	特殊		
	N	无机实心	G	高功率		
	X	线绕	T	可调		
	C	沉积膜	X	小型		
	G	光敏	L	测量用		
	R	热敏	W	微调		
			D	多圈		

1. 电阻器阻值的识别

电阻器阻值的表示方法有字标表示法、数字表示法和色环表示法三种。字标表示法的电阻器识别比较直观,但在电阻器的生产及电阻器装配和电子设备的维修时,都不太方便,特别是维修时的识别很不清晰。色环表示法的电阻器,无论是生产,还是装配与维修中的识别都很方便,所以使用比较普遍。

(1) 电阻器字标表示法。电阻器字标表示法是用0~9的10个阿拉伯数字及英文字母组成不同的组合,来表示电阻器的不同阻值及其性能参数。

[例1-1] 5.1 kΩ 电阻器

字标表示法为:5.1 kΩ、5.1 k 或 5 k1。千欧姆以上的电阻器,其"Ω"字母可以不标注。

字标表示法电阻器的外形如图1—6 所示。

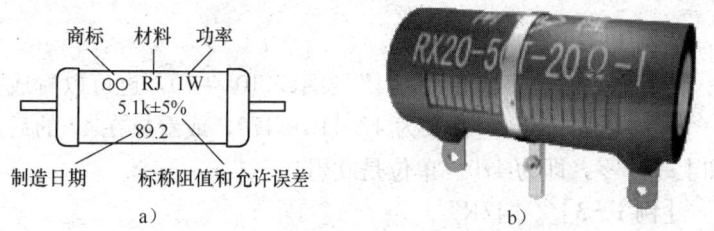

图1—6 电阻器的字标表示法
a) 字标表示法的电阻器 b) 字标表示法的电阻器实物图

(2) 电阻器数字表示法。数字表示法通常由3位阿拉伯数字组合而成。第1位数字和第2位数字表示电阻器的具体阻值数,第3位数字表示×10^n,也可以看成是"零"的个数。数字表示法含义见表1—2。

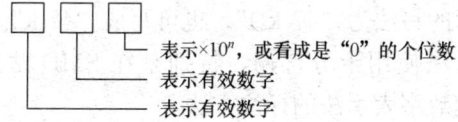

表 1—2　　　　　　　数字表示法含义

第1位 (表示数字)	第2位 (表示数字)	第3位 (表示 10^n 或零的个数)
1=1	1=1	1 表示 $\times 10^1$（或 1 个 0）
2=2	2=2	2 表示 $\times 10^2$（或 00）
3=3	3=3	3 表示 $\times 10^3$（或 000）
4=4	4=4	4 表示 $\times 10^4$（或 0000）
5=5	5=5	5 表示 $\times 10^5$（或 00000）
6=6	6=6	6 表示 $\times 10^6$（或 000000）
7=7	7=7	7 表示 $\times 10^7$（或 0000000）
8=8	8=8	8 表示 $\times 10^8$（或 00000000）
9=9	9=9	9 表示 $\times 10^9$（或 000000000）
0=0	0=0	0（或 R）表示 $\times 10^0$（无 0）
R（表示小数点）		

[例 1-2] "471"

"47"表示数字 4 和 7；"1"表示 $\times 10^1 = 10$，也可以看成是一个"0"。则"471"含义为 $47 \times 10 = 470$，或看成在 47 的后面加上一个零，即为 470。单位是欧姆。

[例 1-3] "47R"

"47"表示数字 4 和 7；"R"表示 $\times 10^0 = 1$，也可以看成没有"0"。则"47R"含义为 $47 \times 1 = 47$，或看成在 47 的后面没有零，即为 47。单位是欧姆。

[例 1-4] "473"

"47"表示数字 4 和 7；"3"表示 $\times 10^3 = 1\,000$，也可以看成有 3 个"0"，即为"000"。则"473"含义为 $47 \times 1\,000 = 47\,000$；或看成在 47 的后面加上三个零，即为 47 000。单位是欧姆。简化后的写法为"47 kΩ"，也可写成"47 k"。

数字表示法使用十分普遍，特别是在 SMD 贴片式电阻器上，都是采用数字表示法的标注方法。

[例1-5] RS-05K102JT贴片电阻器,其含义为:

R—表示电阻。

S—表示功率,05—表示尺寸(英寸)。则S—05表示电阻器外形是0805封装,功率是1/8 W;如S—02表示电阻器外形是0402封装,功率是1/16 W;如S—03表示电阻器外形是0603封装,功率是1/10 W;如S—06表示电阻器外形是1206封装,功率是1/4 W功率,如S—10表示电阻器外形是1210封装,则是1/3 W功率,如S—18表示电阻器外形是1812封装,功率是1/2 W功率,如S—20表示电阻器外形是2010封装,功率是3/4 W功率,如S—25表示电阻器外形是2512封装,功率是1 W。

K—表示温度系数为100PPM。

102—阻值的数字表示法。前两位表示有效数字,第三位表示有多少个零,单位为Ω,102=1 000 Ω=1 kΩ。

J—表示精度为5%,如F—表示精度为1%。

T—表示编带包装。

例如,如图1—7所示的贴片式电阻器:"R050"的第1位"R"表示小数点;第2位"0"表示数字0,排在小数点后1位;第3位"5"表示数字5,排在小数点后2位;第4位"0"表示$1\times10^0=0$,排在小数点后3位。则"R050"含义为$05\times10^{-2}=0.5$,单位是欧姆,实则为一只0.5 Ω的贴片电阻器。

图1—7 贴片式电阻器

贴片电阻器的封装有0201、0402、0603、0805、1206、1210、1812、2010、2512九种,不同的封装有不同的体积之分。选择贴片电阻器的封装,是根据电子产品的整机大小而定。如电子产品中的蓝牙耳机、手机中的大部分贴片电阻器,由于电压低、电流小,又受到整机体积的约束,所以通常采用较小封装的电阻器,如0201封装、0402封装和0603封装。而液晶电视机中的部分贴片电阻器,以及许多工业自动控制设备中的控制电路板,如 LED 灯、医疗器械、汽车行驶记录仪,由于工作电压比较高、电流比较大,使用的贴片电阻器,大部分采用体积较大封装的贴片电阻器,如 0805、1206、1210、1812、2010、2512。

表1—3 为贴片电阻器封装、尺寸、功率一览表。

表1—3 贴片电阻器封装、尺寸、功率一览表

英制 (inch)	公制 (mm)	长(L) (mm)	宽(W) (mm)	高(t) (mm)	a (mm)	b (mm)	功率 (W)
0201	0603	0.60±0.05	0.30±0.05	0.23±0.05	0.10±0.05	0.15±0.05	1/20
0402	1005	1.00±0.10	0.50±0.10	0.30±0.10	0.20±0.10	0.25±0.10	1/16
0603	1608	1.60±0.15	0.80±0.15	0.40±0.10	0.30±0.20	0.30±0.20	1/10
0805	2012	2.00±0.20	1.25±0.15	0.50±0.10	0.40±0.20	0.40±0.20	1/8
1206	3216	3.20±0.20	1.60±0.15	0.55±0.10	0.50±0.20	0.50±0.20	1/4
1210	3225	3.20±0.20	2.50±0.20	0.55±0.10	0.50±0.20	0.50±0.20	1/3
1812	4832	4.50±0.20	3.20±0.20	0.55±0.10	0.50±0.20	0.50±0.20	1/2
2010	5025	5.00±0.20	2.50±0.20	0.55±0.10	0.60±0.20	0.60±0.20	3/4
2512	6432	6.40±0.20	3.20±0.20	0.55±0.10	0.60±0.20	0.60±0.20	1

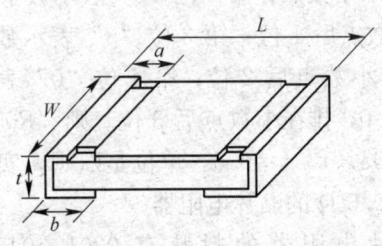

(3) 色环表示法。将各种颜色的色环印在电阻器上,这种电阻器就叫做色环电阻器。色环电阻器具有生产方便、识别直观的特点,所以被广泛使用。

色环电阻器中的色环表示色有:棕、红、橙、黄、绿、蓝、紫、灰、白、黑以及金、银12种颜色。色环含义见表1—4。

表 1—4　　　　　　　　色环含义

颜色	第1色环（表示数字）	第2色环（表示数字）	第3色环（表示 10^n 或零的个数）	阻值允许偏差
棕	1	1	$\times 10^1$ (0)	±1%
红	2	2	$\times 10^2$ (00)	±2%
橙	3	3	$\times 10^3$ (000)	
黄	4	4	$\times 10^4$ (0000)	
绿	5	5	$\times 10^5$ (00000)	±0.5%
蓝	6	6	$\times 10^6$ (000000)	±0.2%
紫	7	7	$\times 10^7$ (0000000)	±0.1%
灰	8	8	$\times 10^8$ (00000000)	
白	9	9	$\times 10^9$ (000000000)	
黑	0	0	$\times 10^0$ ( )	
金			$\times 10^{-1}$ (0.1)	±5%
银			$\times 10^{-2}$ (0.01)	±10%

色环电阻器中分为四道色环的电阻器和五道色环的电阻器两种。

四道色环的电阻器的识别：四道色环的电阻器外表有四道颜色环，如图1—8所示。

例：

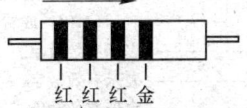

红 红 红 金

图1—8　四色环电阻器

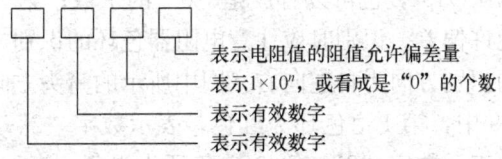

表示电阻值的阻值允许偏差量
表示 1×10^n，或看成是"0"的个数
表示有效数字
表示有效数字

四色环电阻器的第1、2道环色表示2位有效数字；第3道色环表示$1×10$的n次方，也可以看成是"0"的个数；第4道色环表示阻值的允许偏差。识别时应注意电阻器色环的识别方向，该电阻器色环的识别方向为自左向右（图中所示的箭头方向）。

图1—8中，第1道色环和第2道色环都是红色，则分别表示数字"2"，即2 2。第3道为红色，则表示$1×10^2=100$，也可以看成是两个"0"，即"0 0"。第4道为金色，表示电阻器的阻值偏差为±5%。所以，该四色环电阻器，是一只阻值为2.2 kΩ、阻值偏差为±5%的电阻器。而制成材料还不能确定。若是碳膜电阻器，用RT表示，写成：RT—2.2 kΩ或RT—2.2 k或RT—2 k2。

五道色环电阻器的识别：五道色环电阻器外表有五道颜色环，如图1—9所示。

例：

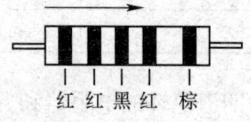

红 红 黑 红 棕

图1—9 五色环电阻器

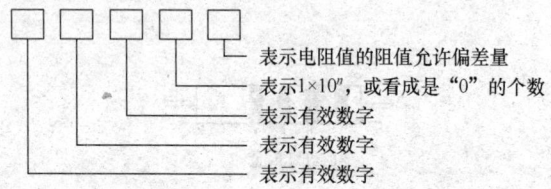

表示电阻值的阻值允许偏差量
表示$1×10^n$，或看成是"0"的个数
表示有效数字
表示有效数字
表示有效数字

五色环电阻器的第1、2、3道色环表示3位有效数字；第4道色环表示$1×10^n$，也可以看成是"0"的个数；第5道色环表示阻值的允许偏差。识别时应注意电阻器色环的识别方向，该电阻器色环的识别方向为自左向右（图中所示的箭头方向）。

图1—9中，第1道色环为红色，表示数字"2"；第2道色环为红色，表示数字"2"；第3道色环为黑色，表示数字"0"；

三位数字合在一起为"2 2 0"。第 4 道色环为红色，表示 $1\times 10^2=100$，也可以看成是 2 个"0"，即"00"。第 5 道色环为棕色，表示电阻器的阻值偏差为±1%。所以，该五色环电阻器，是一只阻值为 22 kΩ、阻值偏差为±1%的电阻器。因为是五道色，所以其制成材料是金属膜电阻器，用"RJ"表示，写成：RJ—22 kΩ±1%或 RJ—22 k±1%。

色环电阻器的识别技巧：识别时，先找出决定识别方向的第一道色环。其特点是，该道色环距电阻器的一端引线距离较近。如将第一道色环放在自己前方的左侧，则从电阻的左端向右端观看；如将第一道色环放在自己前方的右侧，则从电阻的右端向左端观看。如果两边的色环与电阻器的两端距离相似，则应对照电阻器的标称阻值来加以判断。如识别出的阻值不在标称阻值之列，则说明该次的识别方向及识别的阻值是错误的，应改变识别方向再次识别。

(4) 电阻器的标称阻值。"标称阻值"就是电阻器的标准阻值。电阻器生产厂家按照标称阻值生产电阻器，并使电阻器的阻值偏差符合偏差要求。每一类标称阻值的种类数量与阻值的允许偏差量有关。偏差量越小，阻值的种类越多，否则，阻值的种类越少。通过电阻器允许偏差量的偏差范围的弥补作用，使电阻器与电阻器相邻间的阻值得以连贯。从而使电阻器的阻值范围齐全完整，也使电阻器的阻值得以规范和统一，还方便了设计和使用。标称阻值见表 1—5。

表 1—5　　　　　　　　电阻器标称阻值

E192、 E96、 E48、 E24 允许偏差±0.5%、±1%、±2%、±5%	E12 允许偏差±10%	E6 允许偏差 ±20%
1.0　1.1　1.2　1.3　1.5　1.6 1.8　2.0　2.2　2.4　2.7　3.0 3.3　3.6　3.9　4.3　4.7　5.1 5.6　6.2　6.8　7.5　8.2　9.1 以及它们的 10 的倍数	1.0　1.2　1.5　1.8 2.2　2.7　3.3　3.9 4.7　5.6　6.8　8.2 以及它们的 10 的倍数	1.0　1.5　2.2 3.3　4.7　6.8 以及它们的 10 的倍数

2. 电阻器制成材料的识别

电阻器根据其制成材料的不同可以分成很多种，如碳膜电阻器、金属膜电阻器、玻璃釉膜电阻器等。通过正确的识别，达到正确的使用目的。

电阻器制成材料的识别，通常可以通过以下几个方面进行判断：

(1) 根据电阻器外形的颜色判断其制成材料。

直接表示法的碳膜电阻器，其外形颜色一般为绿色。直接表示法的金属膜电阻器，其外形颜色一般为红色。

色环表示法的碳膜电阻器，其外形颜色一般为米色。色环表示法的金属膜电阻器，其外形颜色一般为浅蓝色。

(2) 根据电阻器上的色环数判断其制成材料。

四道色环的电阻器一般为碳膜电阻器，其电阻器的底色为米色。

底色为浅蓝色的四道色环的电阻器，则为金属膜材料的电阻器。

五道色环的电阻器都为金属膜材料的电阻器，与电阻器的底色无关。

3. 电阻器功率的识别

电阻器的功率与电阻器的外形大小有直接关系，一般来说，电阻器的功率越大，其外形体积也越大。那么电阻器的功率是什么呢？电阻器的功率是指：流过电阻器的平均电流与工作电压之乘积，单位为瓦，用字母 W 表示，即 1 W＝1 V·A。电阻器的功率目前分为 1/16 W、1/8 W、1/4 W、1/2 W、1 W、2 W、3 W、5 W、8 W、10 W 等。

电阻器的功率在电阻器的型号上就能识别（见图 1—10）。

例：

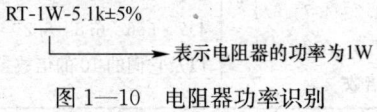

图 1—10　电阻器功率识别

电阻器的功率大小,在其符号上也能体现,同时在外形体积上也有较大差异,如图1—11所示。

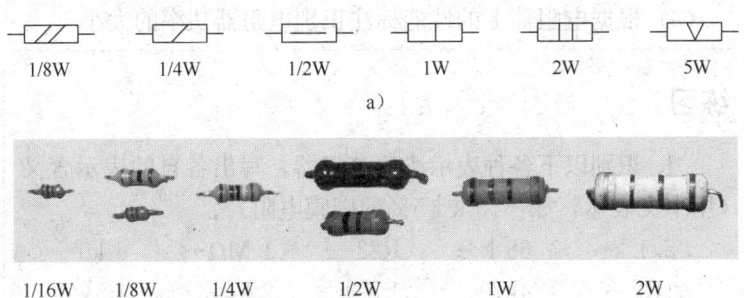

图1—11 电阻器功率识别符号及各种功率电阻器外形对比
a) 电阻器功率识别符号 b) 各种功率电阻器的外形对比

电阻器的功率大小,可以通过以下几个方面进行识别:

(1) 根据电阻器的外形判断电阻器功率的大小。如RT—1/16 W的电阻器外形为1.5 mm×3.5 mm,电阻器的底色为米色,用四色环表示;RJ—1/8 W的电阻器外形也为1.5 mm×3.5 mm,电阻器的底色为浅蓝色,用五色环表示,而RT—1/8 W的电阻器外形要大一些,为2 mm×6 mm,电阻器的底色为米色,用四色环表示;RJ—1/4 W的电阻器外形也为2 mm×6 mm,电阻器的底色为浅蓝色,用五色环表示,而RT—1/4 W的电阻器外形要大一些,为3 mm×8.5 mm,电阻器的底色为米色,用四色环表示;RJ—1/2 W的电阻器外形也为3 mm×8.5 mm,电阻器的底色为浅蓝色,用五色环表示,而RT—1/2 W的电阻器外形要大一些,为3.5 mm×11 mm,电阻器的底色为米色,用四色环表示;RJ—1 W的电阻器外形也为3.5 mm×11 mm,电阻器的底色通常为灰色,用四色环表示;RJ—2 W的电阻器外形为5.5 mm×15 mm,电阻器的底色通常为灰色,用四色环表示。

相同外形的电阻器,金属膜电阻器的功率要比碳膜电阻器大一倍。

(2) 根据电阻器的符号表示来判断电阻器功率的大小。

(3) 根据电阻器上的性能标注识别电阻器功率的大小。

练习

1. 识别以下各种表示法的电阻器，写出各自的表示含义（用中文表达，如：10 k±5%的碳膜电阻）。

5.1 k—	68 k—	R22—	1 MΩ—	3 k9—
1R2—	4k7—	150 k—	2 k4—	10 k—
100—	102—	103—	104—	124—
473—	822—	223—	471—	101—

2. 识别以下各种表示法的电阻器，写出各自的表示含义（材料、阻值、偏差值，如：RJ—10 k—±5%）。

棕红金金—　　　蓝红黑银—　　　棕红黑橙棕—

黄紫黑棕棕—　　绿蓝黑红棕—　　灰红黄金—

白棕黑棕棕—　　黄橙红金—　　　绿棕银黑绿—

红紫金黑棕—　　棕黑黑黑红—　　橙白绿金—

3. 将以下电阻器用色环表示法表示。

RT—5.1 k±5%　　RT—68 k±10%　　RT—3 k9±5%

RJ—1 MΩ±2%　　RJ—510 Ω±1%　　RJ—75 k±2%

RJ—200 Ω±1%　　RJ—0.27 Ω±1%　　RJ—1 k8±5%

RJ—10 Ω±2%　　RJ—1 Ω±0.1%　　RJ—10 k±0.5%

RJ—100 k±1%　　RT—1 k±5%　　RJ—120 k±1%

RT—91 k±5%　　RJ—8.2 k±1%　　RT—22 k±5%

RJ—470 Ω±1%　　RJ—18 k±0.25%

4. 如何识别电阻器的制成材料？

5. 如何识别电阻器的功率大小？

四、万用表的使用及电阻器的测量技能

各类电阻器不仅可以用直观的方法来判断它的阻值及阻值偏

差的大小，更可以用仪器仪表对其进行精度测量。虽然用仪器仪表判断比直观判断麻烦，但其效果十分精确。测量电阻器通常使用的仪表是万用表。

1. 万用表的使用方法

万用表分为指针式万用表和数字式万用表两类。

这两种万用表不仅可以对电阻器进行测量，还能对直流电压、交流电压、直流电流、交流电流进行测量，有的还能测量电容器、二极管及三极管。

(1) 万用表的识别。指针式万用表由指针、测量电路和外壳组成。其中指针部分由一个字符刻度盘和表头组成，由于表头组件的大部分部件安装在刻度盘的下方，而在刻度盘上只能看到指针；测量电路由测量元件和量程开关组成。在测量时，指针在刻度盘的上方活动。当测量不同的电阻器时，指针会根据被测电阻器的不同阻值而停在不同刻度读数的上方。读取数值时，从指针的正上方直视向下读取刻度盘欧姆线上的数值。量程开关又叫挡位旋钮，是为选择测量不同元器件及不同数值参数而设立的。测量前，应根据测量对象及测量参数值的大小来选择挡位和量程。

1) MF—500 型万用表的使用功能。MF—500 型万用表的外形如图 1—12 所示。MF—500 型万用表的直流电压灵敏度为 20 kΩ/V，表示在测量直流电压时每伏电压所对应的表头的输入电阻。测量直流电压时，万用表的内阻等于直流电压灵敏度乘以各挡的电压量程。

例如，MF—500 型万用表用 10 V 挡测量时，内阻为 200 kΩ；用 100 V 挡测量时，内阻为 2 MΩ；用 500 V 挡测量时，内阻为 10 MΩ。万用表的电压灵敏度越高，所用量程越大，被测电路中电流的分流越小，对被测电路的影响也越小，测量结果就越准确。

MF—500 型万用表上的刻度盘自上而下有：① 欧姆挡刻度线；② 50 V、250 V 交直流刻度线，主要用于 2.5 V、10 V、50 V、250 V、500 V 直流电压挡以及 10 V、50 V、250 V、500 V

交流电压挡的测量，还用于 1 mA、10 mA、100 mA、500 mA 的直流电流的测量；③ DΩ（0～50 Ω 测量）刻度线；④5 A 交流电流刻度线；⑤ dB（分贝）刻度线，测量范围为－10～22 dB。

MF—500 型万用表使用时，左右两只挡位旋钮应互相配合，才能达到正确使用的目的。

2）MF—47 型万用表的使用功能。MF—47 型万用表的外形如图 1—13 所示。MF—47 型万用表的直流电压灵敏度为 20 kΩ/V，表示在测量直流电压时每伏电压所对应的表头的输入电阻。测量直流电压时，万用表的内阻等于直流电压灵敏度乘以各挡电压量程。

图 1—12　MF—500 型万用表　　　图 1—13　MF—47 型万用表

例如，MF—47 型万用表用 2.5 V 挡测量时，内阻为 50 kΩ；用 100 V 挡测量时，内阻为 2 MΩ；用 250 V 挡测量时，内阻为 5 MΩ。万用表的电压灵敏度越高，所用量程越大，被测电路中电流的分流越小，对被测电路的影响也越小，测量结果越准确。

MF—47 型万用表上的刻度盘自上而下有：①欧姆挡刻度线；②交流 10 V 电压测量刻度线；③交直流电压、直流电流测量刻度线，用于 0.25 V、1 V、2.5 V、10 V、50 V、250 V、500 V、1 000 V 直流电压挡的测量，以及 10 V、50 V、250 V、500 V、1 000 V 交流电压挡的测量，和 0.05 mA、0.5 mA、5 mA、50 mA、500 mA 直流电流挡的测量；④h_{FE} 刻度线，可用于测量 PNP 型和 NPN 型三极管的直流放大倍数；⑤电容测量刻度线，电容测量范围为 0.01~10 μF，电容测量时需使用交流电压；⑥电感测量刻度线，电感测量范围为 20~1 000H，电感测量时需使用交流电压；⑦dB（分贝）刻度线，测量范围为 －10~22 dB。

测量不同的内容时，只能读取与测量内容相同的刻度线上的数值。

(2) 万用表的使用。

1) 测量前的准备

①将红表笔插入"＋"插孔内，黑表笔插入"－"插孔内。

②将万用表量程置电阻 R×1 k 或 R×100 Ω 挡（测硅材料三极管用 R×1 k 量程，测锗材料三极管用 R×100 Ω 量程）。

③把红、黑表笔短路，调整欧姆校零旋钮，使万用表指针满度偏转为"0"。

2) 使用万用表的注意事项

①将万用表放在自己的正前方，眼睛最好与刻度线平行，以提高读取数值的准确性。

②不能在测量过程中改变测量挡位。如需要改变挡位必须先停止测量，待改变挡位后方可继续进行测量，以防损坏万用表。

③根据测量内容预先设定测量挡位。

④在测量完毕或平时不用万用表时，应摆放稳固，红黑两根表笔不能接触，以防在欧姆挡时消耗表内电池的电能。切不可将万用表挤压和玩耍。

⑤表笔破裂损坏或表笔连线绝缘层损坏时应及时更换，以确保使用者的人身安全。

2. 万用表测量电阻器的测量原理

万用表中有一个 50 μA 电流的表头。有 1.5 V、9 V 两块电池，R×1 至 R×1 k 挡的测量使用 1.5V 电池，R×10 k 挡使用 9 V 电池（见图 1—14）。图中的"RP"表示万用表中的量程开关及分流、降压电阻。在测量中，改变测量挡位，就是改变流过表头中的电流。表头中流过的电流越大，表针偏转越大。测量挡位越高，RP 的阻值越大，流过表头中的电流就越小。在 R×1 挡时，表头流过的最大电流约为 60 mA。所以，在低挡位测量时，电池的电能消耗最快。

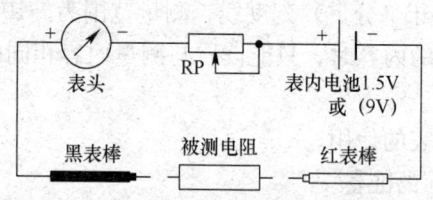

图 1—14　电阻器测量原理

测量电阻器时，在挡位确定的前提下，当测量不同阻值的电阻器，流过表头的电流值是不同的。所以，表头的偏转也不同，表针指示的读数也就各异。被测电阻器的阻值小，流过表头的电流就大，指针偏转就大，读数就小；反之，被测电阻器的阻值大，流过表头的电流就小，指针偏转就小，读数就大。

测量中万用表的指针偏转太小或太大，都会影响读数的读取精度。所以，应正确选择测量挡位，尽量使指针的偏转在 50%～80% 的区域内为好。

3. 普通电阻器的测量方法

（1）将红黑表笔分别插入"＋""－"插孔中，测量中读取欧姆刻度线上的数值。

（2）对可以识别的电阻器的测量。首先根据识别出的电阻器阻值的大小，在万用表上找出最佳的读数位置，再确定与该读数相应的电阻测量挡位，最后按照校零、测量的顺序对电阻器实施测量。

（3）对无法识别（标注不清）的电阻器的测量。测量时应首先选用较高的测量挡位,然后根据实际测量情况逐渐减小测量挡位,测出一个大概的阻值;根据大概的阻值,并结合第(1)条选择正确的测量挡位,最后测出电阻器有精度的阻值读数。

(4) 要充分利用万用表刻度盘上最小的可视刻度,以提高对电阻器测量时的读数精度。

例如,在使用 MF—47 型万用表时,对一只 360 Ω 的电阻器进行测量。当设定 R×100 Ω 挡,则测量后万用表的可视刻度读数为 350 Ω,而还有 10 Ω 没有刻度,只能估计读出,这就降低了测量精度;如把挡位设定在 R×10 Ω 挡,则测量后万用表的可视刻度读数可以精确到 360 Ω。可以看出后一次的测量结果比前一次的测量结果精度高。

(5) 为了能适应大范围的测量需要,在万用表电阻挡设立了读数倍率,当读出刻度线上数值后还要乘以倍率才是该电阻的最后阻值。读数倍率的设置,使刻度线读数得以细化,提高了电阻器的测量精度。

(6) 测量中的注意事项

1) 用左手持握元器件(见图 1—15),并注意不能同时触接两个引线,以防引入测量误差。

2) 右手持握红黑表笔成握筷姿势,以方便测量和转换挡位。

3) 挡位的设立应使指针有较大的偏转(>1/2 满刻度)和较小的数值区域,以便提高测量精度。

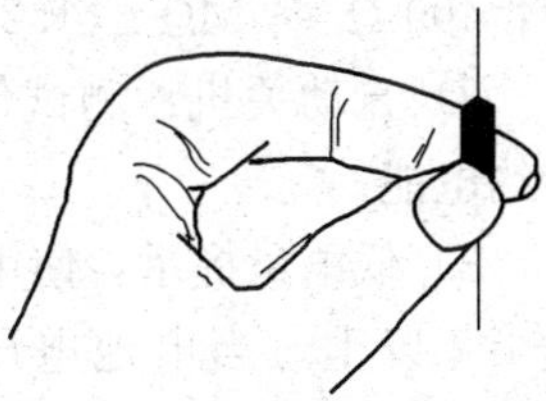

图 1—15 左手测量电阻器姿势

4) 严禁在测量过程中改变测量挡位,以防损坏万用表表头。

4. 贴片电阻器的测量技能

贴片电阻器体积小,使用万用表来测量非常困难,所以要使用专用测量工具才能对贴片电阻器进行测量。

(1) 测量仪表。常用的专用贴片电阻器的测量仪表有 CT—

M530、AV505B 等。镊式 SMD 元件识别仪 CT—M530 外形如图 1—16 所示。

图 1—16 贴片型电阻器的专用测量工具

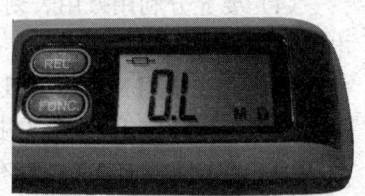

图 1—17 专用测量仪表在电阻器测量挡位

CT—M530 镊式 SMD 元件识别仪有一个数字显示屏，可以直接显示出被测值，它有一个测试头，像一个镊子形状，所以称这种测试仪为镊式测试仪。此识别仪能对电阻器、电容器、二极管进行测量，每个测量功能均为免调节自动量程测量，具体性能如下：

1) 电阻器的测量：$0.1\ \Omega \sim 400\ M\Omega$（自动量程）。测量精度为：$400\ \Omega \sim 4\ M\Omega \pm (1.2\% + 2)$，$400\ M\Omega \pm (2.0\% + 5)$。

2) 自动关机：测试仪在待机状态下，10 min 后自动关机，节约电能。

3) 低电量提示：使用 2 颗 AG13 型纽扣电池，使用寿命可达半年以上。当电池电压低于 2 V 时，显示屏会出现低电量提示。

(2) 贴片电阻器的测量方法及注意事项

1) 按下 "FUNC" 按钮，显示屏即刻显示。

2) 调节测量挡位。CT—M530 镊式 SMD 元件识别仪有 3 挡测量功能，按一次 "FUNC" 按钮，测量挡位转换一次，采用挡位循环调节方式（见图 1—17）。

3) 测量未装接的贴片电阻器时，左手固定电阻器，右手握测试仪进行镊式测量。由于贴片电阻器体积很小，不能直接用手抓着固定，以免引进测量误差。可以用牙签按住贴片电阻器，使贴片电阻器不滑动，然后右手握测试仪对电阻器进行镊式测量。测量值直接在显示屏上读取。

4) 测量接在电路中的贴片电阻器时，左手握住电路板，右手握测试仪对被测电阻器进行镊式测量。由于贴片电阻器接入在电路中，会受到其他元件的影响。所以，测量初始阶段的电阻值要比标注值小，随着测试时间的延长，阻值会慢慢变大，当测量阻值没有变化时，即为被测电阻器的测量阻值。CT—M530镊式SMD元件识别仪具有很高的输入阻抗，所以测量结果是比较准确的。

5) 测量结束后，长按"FUNC"按钮 3 s，CT—M530镊式SMD元件识别仪则关闭电源。

(3) 贴片电阻器使用时应注意以下事项：

1) 设计和使用贴片电阻时，最大功率不能超过其额定功率，否则会降低其可靠性。

2) 一般按额定功率的 70% 降额设计使用。

3) 不能超过其最大工作电压，否则有击穿的危险。

4) 一般按最高工作电压的 75% 降额设计使用。

5) 当环境温度超过 70℃，必须按照降额曲线图降额使用。

5. 交直流电压的测量方法

(1) 将红黑表笔分别插入"＋""－"插孔中，并根据测量内容正确选择交流测量挡位或直流测量挡位，测量中读取电压刻度线上的数值。

万用表的电压测量刻度线是采用线性划分的。如在 50 V 挡中均匀地分成五等分，每一等分刻度读数为 10 V，两个等分刻度就是 20 V 等。如在 250 V 挡中，第一等分刻度为 50 V 等，以此类推。

(2) 测量可估计的电压值时，应直接选择相应的测量挡位，以便提高交流电压的测量速度。

(3) 测量不可估计的电压值时，应首先选择较高的挡位，以防止表头猛偏转而损坏表头或表针,然后根据实际测量值逐渐减小测量挡位。

(4) 测量高于量程中标出的电压值时,应预先将红表笔插到指定的高压测量插孔中。

(5) 测量注意事项

1) 握持表笔要稳固,以防造成测量时的极间短路而损坏元器件。

2) 严禁在测量过程中改变测量挡位,以防损坏万用表。

6. 直流电流的测量方法

(1) 将红黑表笔分别插入"+""一"插孔中,测量中读取直流电流刻度线上的数值。测量某一电路的电流值,应采用将红黑表笔串联在其供电回路中或是其集电极回路中的方法进行测量。在测量某一级放大电路的集电极电流时,也可以采用先测量其发射极电阻的两端电压值,然后将电压值除以发射极电阻值,而算出该放大电路集电极的大约电流值(该值为集电极电流加发射极电流之和)。

(2) 测量可估计的电流值时,应直接选择相应挡位,以便提高测量速度。

(3) 测量不可估计的电流值时,应首先选择较高的挡位,以防止表头猛偏转而损坏表头或表针,然后根据测量值逐渐减小测量挡位。

(4) 测量高于量程中标出的电流值时,应预先将红表笔插到指定的大电流测量插孔中(如 5 A 插孔中)。

测量直流电流的 10 mA、100 mA、250 mA、500 mA 挡位时,分别使用第二刻度及第三刻度。电流测量刻度线是线性划分的。如在 10 mA 挡中均匀地分成五等分,每一等分刻度读数为 2 mA,两个等分刻度就是 4 mA 等。如在 250 mA 挡中,第一等分刻度为 50 mA 等。以此类推。

(5) 测量注意事项

1) 先将红黑表笔接入测试点,然后接通被测电路的工作电源。

2) 严禁在测量过程中改变测量挡位,以防损坏万用表。

五、电位器的识别与测量技能

1. 电位器型号的识别

电位器通常用作音量大小的调节、电压高低的调节、电流大小的调节、频率高低的调节等。

电位器根据使用场合的不同,其旋转轴的旋转角度与阻值的变化关系也不同,分为线性式、指数式和对数式。作为音量调节时,应选用线性式电位器;指数式和对数式通常用于仪器仪表中较多。

为了让使用者购买方便,电位器出厂时都标注有型号。其型号中包含了电位器的用途、制成材料、性能、安装形式及厂家的生产编号等内容(见电阻器型号命名方法)。

例:

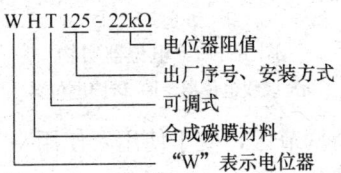

2. 电位器引脚的识别

电位器是一种能改变电信号大小的器件,在电路中用"RP"表示。电位器通常有 3 个引脚,其中两侧引脚为电位器的固定臂引出端(脚),中间一个是电位器的活动臂引出端(脚),通过旋转轴的旋转,可以改变活动臂与两侧引脚的距离,从而改变与两侧引脚的电阻值。电位器引脚示意如图 1—18 所示,实物如图 1—19 所示。

3. 可调电阻器的识别

可调电阻器的图形符号与电位器相同,也有 3 个引脚,两侧引脚为可调电阻器的固定臂引出端(脚),中间一个是可调电阻器的活动臂引出端(脚)。与电位器不同的是:可调电阻器没有

```
固定臂引出脚1 ─── 固定臂引出脚2
活动臂引出脚 ───┘
```

图 1—18　电位器引脚示意图

图 1—19　电位器实物
a）绕线电位器　b）碳膜电位器

旋转轴，但有一个调节区，便于使用者使用一字旋具或十字旋具进行调节。实物照片如图 1—20 所示。

在很多小型的控制电路板上使用贴片式可调电阻器，如图 1—21 所示。

图 1—20　可调电阻器

图 1—21　贴片式可调电阻器

4. 电位器的测量

测量电位器时不仅要测量两个固定臂引出端（脚）之间的阻

值，还要测量活动臂引出端（脚）分别与两个固定臂引出端（脚）之间的可变阻值，即活动臂引出端（脚）从一个固定臂引出端（脚）至另一个固定臂引出端（脚）之间的可变阻值。所以，测量电位器共有以下四个步骤：

(1) 根据被测电位器的阻值，选择万用表的合适量程挡位，并对万用表进行校零。

(2) 左手握住电位器外围部分，右手采用握筷姿势手持两根万用表表笔，分别接触两个固定臂引出端（脚），测量出的结果就是电位器的阻值。

(3) 左手保持握住电位器外围部分，同时承担旋转电位器旋转轴的工作。右手采用握筷姿势手持两根万用表表笔，分别接触活动臂引出端（脚）和一个固定臂引出端（脚）。当活动臂引出端（脚）旋转靠近该引出端（脚）时，阻值应为"0 Ω"；慢慢旋转电位器轴，阻值应慢慢增大，直至活动臂引出端（脚）旋转靠近另一个引出端（脚）时，阻值应为电位器的最大阻值。测量中，阻值变化平滑，应没有跳跃现象。

(4) 保持第三步姿势，并将两根表笔接触活动臂引出端（脚）和另一个固定臂引出端（脚）。当活动臂引出端（脚）旋转靠近该引出端（脚）时，阻值应为"0 Ω"；慢慢旋转电位器轴，阻值应慢慢增大，直至活动臂引出端（脚）旋转靠近另一个引出端（脚）时，阻值应为电位器的最大阻值。测量中，阻值变化平滑，应没有跳跃现象。

电阻器的识别技能考核及评分标准

考核1：

考核内容

1. 2 min 内识别 10 只固定式电阻器为 80 分。
2. 1 min 内识别 2 只电位器为 20 分。

考核方法

1. 老师提供测量元器件和掌握考核时间。

2. 学生自带测量工具，测量结果填写在考核表中。

评分标准

1. 写出固定电阻器的制成材料。（20分）
2. 写出固定电阻器的阻值。（40分）
3. 写出固定电阻器的功率。（20分）
4. 写出电位器的制成材料。（5分）
5. 写出电位器的阻值。（10分）
6. 写出电位器的用途、性能。（5分）

考核 2：

考核内容

5 min 内测量 10 只贴片电阻器（包括 3 只在路的贴片电阻器，一只贴片可调电阻器）为 100 分。

考核方法

1. 老师提供测量元器件和掌握考核时间。
2. 学生自带测量工具，测量结果填写在考核表中。

评分标准

1. 测量姿势正确得 10 分。
2. 测量方法正确得 10 分。（挡位选择正确、测量方法合理）
3. 测量结果正确得 80 分。

电阻器测量技能考核表

电阻器编号	仪表挡位	色环表示法（材料、功率、阻值、偏差）	得分
1号			
2号			
3号			
4号			
5号			
6号			
7号			
8号			

续表

电阻器编号	仪表挡位	色环表示法（材料、功率、阻值、偏差）	得分
9号			
10号			
11号			
12号			
总得分			
考核评定			

练习

1. 万用表有哪些功能？
2. 万用表使用中需注意哪些事项？
3. 如何用万用表测量电阻器？
4. 如何用专用测试仪测量电阻器？
5. 如何用万用表测量交直流电压？
6. 如何用万用表测量直流电流？
7. 使用 CT—M530 镊式 SMD 元件识别仪有哪些注意事项？
8. 使用 CT—M530 镊式 SMD 元件识别仪测量贴片电阻器有哪些步骤？
9. 如何使用 CT—M530 镊式 SMD 元件识别仪对贴片电阻器进行测量？

模块二 电容器的识别与测量技能

电容器是一种能储存电能的元件，并具有传输交流信号而隔断直流信号的作用。电容器在电路中的文字代号是"C"，如电路中有 3 只电容器，则可以将它们编成"C1、C2、C3"。电容器的种类较多，不同种类的电容器其外形有较大的差别。电容器在电路中的应用范围和使用的数量仅次于电阻器，掌握其主要特性和在电路中的工作原理，对分析电子电路具有重要的意义。

一、电容器的作用与类别

1. 电容器的工作原理

电容器有两个电极，每个电极各接有一块金属板，这种金属板实际上是铝质薄膜等金属材料。电容器的容量越大，则电容器内的金属板就越大。两块金属板平行地放置，金属板之间有绝缘材料加以绝缘而使金属板之间不相接触。

如在电容器的两端加上直流电压，电池正极处的电子就会集聚在电容器正极金属板上，而负极金属板会通过电池的负极从电池的正极获得电子，从而使电路中形成电流，这就是电容器的充电现象。电容器一旦开始充电，就会在两块金属板上形成电荷，这就是电容器的储能作用，如图 1—22a 所示。随着充电时间的延长，两块金属板上的电荷越集越多，而电路中的充电电流也随之越来越小，

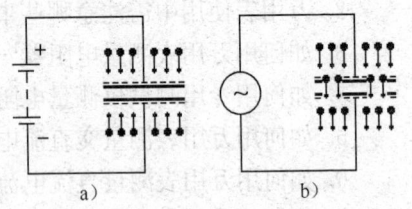

图 1—22 电容器工作原理
a) 储能作用 b) 通路作用

直至电容器两端的电位与直流电压相同，即充电结束。充电结束后，电路中就没有电流流动，相当于开路，这就是电容器能隔断直流电的道理。

如在电容器的两端加上交流电压，交流电极性有规律地周期性变化，使电容器金属板上的电荷的极性也产生变化，从而形成充电电流有规律周期变化的电流，使电路中有交流电流通过，等效于电容器能够让交流电流通过。如图 1—22b 所示。可以看出，电容器对交流电有通路作用。

综上所说，电容器是一种能储存电能的元件，并具有隔直通

交的特性。

2. 电容器的类别

电容器的种类较多,可按照结构、电介质、工作频率进行简单的分类。

(1) 按照结构分,可划分为固定电容器、可变电容器、微调电容器。

(2) 按照电介质分,可划分为有机介质电容器、无机介质电容器、电解电容器、液体介质电容器和气体介质电容器。

(3) 按照工作频率分,可划分为低频电容器和高频电容器。

3. 电容器的串、并联及其作用

(1) 电容器的串联。电容器的串联就等于增加了电介质的厚度,也就是增加了电容器两极之间的距离,使容量减小(见图1—23)。

$$C=1/(1/C_1+1/C_2+1/C_3)$$

电容器串联后总额定工作电压是各电容量额定工作电压的总和。

(2) 电容器的并联。电容器并联就等于极片(金属板)面积的增大,因此并联后电容器是各个电容器电容量的总和(见图1—24)。

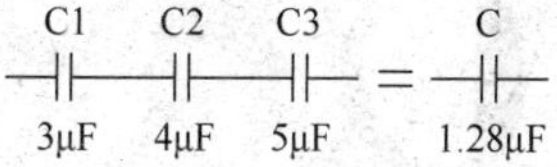

图1—23 电容器的串联 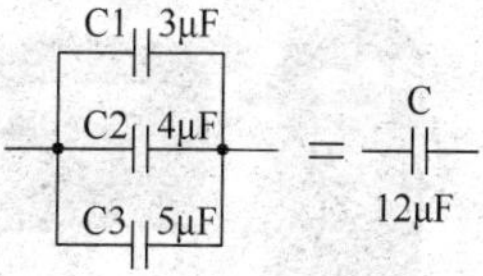　　图1—24 电容器的并联

$$C=C_1+C_2+C_3$$

并联后的各个电容器,如果它们的额定工作电压不相同,就必须把其中最低的一个电容器的额定工作电压值,作为并联后允许的最高工作电压值。

二、电容器的识别技能

电容器的识别可以从电容器在电路中的图形符号、电容器的外形、电容器的性能(包括连接方式、容量及耐压值参数)等方面进行识别技能训练。

1. 电容器的图形符号识别

电容器图形符号是电容器在电路图中的表示方式，电容器的图形符号如图1—25所示。

   a)   b)   c)   d)

图1—25 电容器图形符号

a) 固定电容器 b) 有极性电容器 c) 微调电容器 d) 可变电容器

图1—25a所示是电容器的一般符号，通常用来表示无极性的固定电容器。

图1—25b所示是有极性电容器的电路符号，通常用来表示电解电容器，其容量一般较大。

图1—25c，图1—25d所示分别表示微调电容器和可变电容器的电路符号。

2. 电容器的外形识别

电容器的性能不同，外形也不同。图1—26所示是部分普通

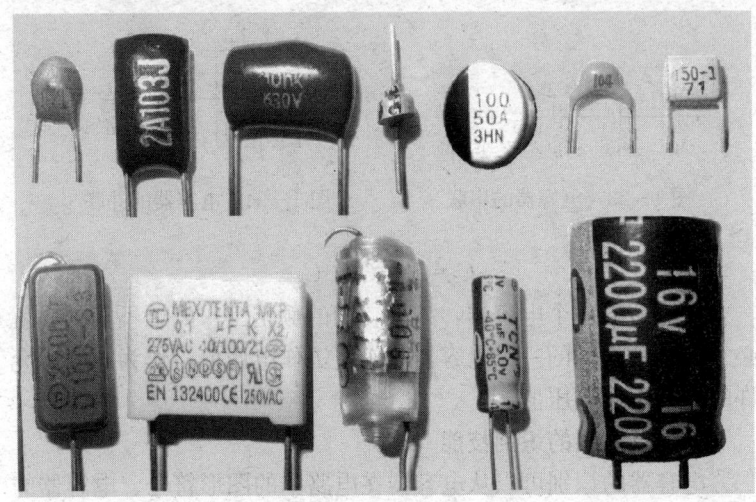

图1—26 各种电容器

电容器的实物图。

图1—26中,上排自左向右分别为:CC电容器、CL电容器、CBB电容器、穿心电容器、管形电容器、独石电容器、CI电容器;下排自左向右分别为:CY电容器、CH电容器、CB电容器、CD电解电容器。

目前,贴片电容器使用已十分广泛,图1—27是部分贴片电容器实物。

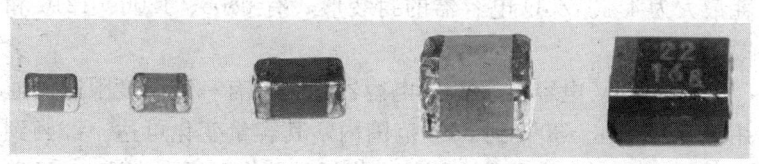

图1—27 贴片式电容器

贴片电容器有NPO、X7R、Z5U、Y5V等不同的规格,不同的规格有不同的用途。NPO、X7R、Z5U和Y5V的主要区别是它们的填充介质不同。在相同的体积下,由于填充介质不同,所组成的电容器的容量就不同,随之带来的电容器的介质损耗、容量稳定性等也就不同。所以在使用电容器时,应根据电容器在电路中作用不同来选用不同的电容器。下面仅就常用的NPO、X7R、Z5U和Y5V来介绍一下它们的性能和应用。

(1) NPO型贴片电容器。NPO电容器是一种最常用的具有温度补偿特性的单片陶瓷电容器。它的填充介质是由铷、钐和一些其他稀有氧化物组成的。NPO电容器是电容量和介质损耗最稳定的电容器之一。

NPO电容器封装形式有0805、1206、1210和2225几种。适合用于振荡器、谐振器的槽路电容,以及高频电路中的耦合电容。

(2) X7R型贴片电容器。X7R电容器被称为温度稳定型的陶瓷电容器。当温度在-55℃到+125℃时,其容量变化为15%。

X7R贴片电容器的主要特点是在相同的体积下,电容量可以做得比较大。X7R电容器封装形式有0805、1206、1210和2225几种。

(3) Z5U电容器。Z5U电容器称为"通用"陶瓷单片电容器。Z5U电容器的主要技术指标是工作耐压为DC—50 V以下,工作温度范围+10℃~+85℃,温度特性+22%~56%,介质损耗最大为4%。Z5U电容器的封装形式有0805、1206、1210和2225几种。

(4) Y5V电容器。Y5V电容器是一种有一定温度限制的通用电容器,在-30℃到85℃范围内,其容量变化可达+22%到-82%。Y5V电容器的主要技术指标是工作耐压在直流50 V以下,工作温度范围-30℃~+85℃,温度特性+22%~82%,介质损耗最大为5%。Y5V电容器的封装形式有0805、1206、1210和2225几种。

在电容器中除了有无极性区分以外,还分成固定式电容器和可变式及半可变式(微调)电容器,可变电容器实物如图1—28所示。

图1—28 可变电容器实物

电容器中分无极性电容器和有极性电容器两种。无极性电容器通常称为固定电容器,或者把电容器的制成材料的名称放在电容器三个字的前面一起加以称呼,如电容器的材料是涤纶薄膜，就叫它涤纶电容器等。有极性的电容器通常称为电解电容器。电解电容器常使用在电源的滤波电路中，所以正、负极性千万不能装错，否则会造成元件的损坏或发生电解爆炸。

3. 电容器的性能识别

每个电容器都有一个型号，以表示电容器的容量、材料、性能、用途、耐压以及外形。电容器型号一般用6位字母及数字表示，其含义如下所示。

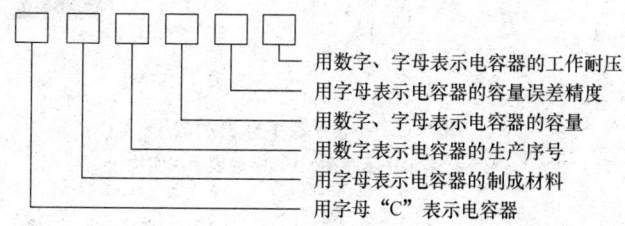

用数字、字母表示电容器的工作耐压
用字母表示电容器的容量误差精度
用数字、字母表示电容器的容量
用数字表示电容器的生产序号
用字母表示电容器的制成材料
用字母"C"表示电容器

[例1-6] CL—111—47 nFK/63 V

解：表示容量0.047 μF、耐压63 V、误差范围为±10%的111型涤纶电容。"111"表示的一些性能可通过查表得知。

(1) 电容器容量的识别。电子电路中，电容器容量值的基本数量单位是"皮法"，用字母"pF"表示；1 000个皮法为1纳法，用字母"nF"表示；1 000个纳法为1微法，用字母"μF"表示；1 000个微法为1毫法，用字母"mF"表示；1 000个毫法为1法拉，用字母"F"表示。

电容器各容量单位的相互关系为：

1 F＝1 000 mF

1 mF＝1 000 μF

1 μF＝1 000 nF

1 nF＝1 000 pF

电容器容量的标注在型号的第三位或第四位。电容器容量的标注采用字标表示法和色点表示法两类。现在色点表示法已很少使用。色点表示法的电容器的识别方法，与色环电阻器的识别方法相同。电容器字标表示法中分成直接表示法和数字表示法两种。

1) 电容器容量的字标表示法。电容器的字标表示法采用数字加字母的方法来表示一个电容器的容量,字标表示法的电容器,识别时比较直观(见图1—29)。

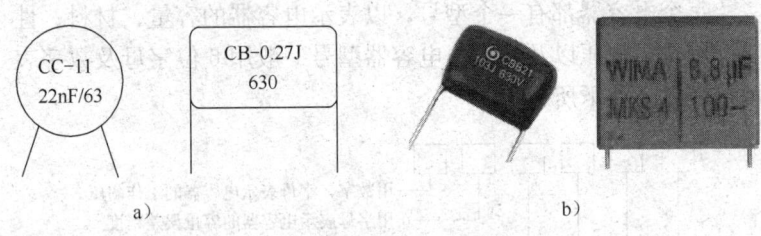

图1—29 电容器字标表示法
a) 字标表示法示意图　b) 字标表示法实物

图1—29a 左图为 22 nF 63 V 耐压的 11 型陶瓷电容器。其外形呈圆形,而且体积很薄呈片状,所以通常称为"圆片电容器"。图1—29a 右图为 0.27 μF 630 V 耐压、容量偏差为 $\pm 5\%$ 的聚酯膜(聚苯乙烯)电容器。

图1—29b 左图为 22 nF 63 V 耐压的 CBB 电容器,是电视机中的一只校正电容器。图1—29b 右图为 6.8 μF 100 V 耐压的聚酯膜(聚苯乙烯)电容器,是一只用于高档音响电路中的信号耦合电容器。

注:有些小体积的电容器,因其表面很小而不能标注很多字符,所以通常只能看到容量标注,看不到耐压标注,但可以从其外形判断它的材料和性能。现在电容器的耐压(最高工作电压)都在 50 V 以上,所以,一些小体积的电容器不标耐压值,但其耐压均在 50 V 以上。

2) 电容器容量的数字表示法。

数字表示法通常有 3 位数字组合。第一位数字和第二位数字表示电容器的具体电容量值,第三位数字表示倍乘,即表示是 10 的 n 次方,也可以看成是在前两位数字之后加上的"零"的个数。

图 1—30 例中的"104"中的第一位"1"和第二位"0"分别表示数字 1 和 0；第三位"4"表示 $1\times 10^4=10\ 000$，也可以看成是"0000"；则"104"的含义为：$10\times 10^4=100\ 000$，或看成是在 10 的后面加上一个"0000"，则为 100 000。单位是"pF"，即为 100 000 pF，应写成 100 nF，或写成 0.1 μF。

图 1—30 数字表示法电容器

贴片电容器的容量标注采用数字表示法，而工作电压采用字标表示法。数字表示法的电容器识别比较直观、方便。由于贴片电容器的生产工艺与贴片电阻器不同，要求贴片电容器的外部电极较大，从而占整个电容器表面的位置较多，同时电容器的表面也没有贴片电阻器那样平整，所以小型封装的贴片电容器一般不标注容量，而贴片式电解电容器体积比较大，所以都有容量标注和极性标志。如图 1—31 左图所示的贴片式电解电容器，其标注是"107 6 V"，则含义为：$10\times 10^7=100\ 000\ 000$，单位是 pF，简便读法为 100 μF，

图 1—31 贴片式电解电容器

黑线标记一端的电极是电容器的负极，说明这是一只贴片式电解电容器，工作电压最高为 6 V 或 16 V。如果在电容器上没有黑线标记，那就是一只无极性电容器。无极性的贴片式电容器的容量一般在 10 μF 以下。

（2）电容器容量误差的识别。电容器容量误差是衡量一只电容器质量的主要标准。

电容器容量误差范围的标注方法采用希腊字母Ⅰ、Ⅱ、Ⅲ或英文字母 J、K、M、G 表示。其含义是"Ⅰ"或"J"表示 ±5%；"Ⅱ"或"K"表示 ±10%；"Ⅲ"或"M"表示 ±20%；

"G"表示±2%。

图1—32例中的电容器上标注着"2A103J",其中"J"就是该电容器的误差精度,说明该电容器的误差是±5%。

图1—32 字母表示电容器精度

(3) 电容器耐压的识别。电容器耐压值的标注规定了在使用该电容器时,只能将电容器使用在其耐压的80%的工作电压的电路中,也就是说:一个电路中的最高工作电压只能是这个电路中最低耐压值电容器的80%的电压值,这样才能保证所有电容器的使用安全,也才能保证该电路工作的稳定性能。电容器的耐压标注有直接表示法和字母表示法两种。

1) 电容器耐压的直接表示法。电容器耐压的直接表示法,就是直接用0~9的数字来表示。

[例1-7] CBB10—223M/63 V

解:容量0.022 μF (22 nF)、耐压63 V、容量偏差为±20%的10型聚脂膜电容器。

[例1-8] CL—4700M/1 600 V

解:容量为4 700 pF、耐压1 600 V、容量偏差为±20%的涤纶电容器。

2) 电容器耐压的字母表示法。电容器耐压的字母表示法,通常是有一位数字和一位字母来表示。第一位数字表示倍乘,即10的n次方;第二位字母表示一个数。第二位共有十二个英文字母,每个字母各表示一个数(见表1—6),第一位和第二位相乘后的乘积就是该只电容器的耐压值,单位"V"。

表1—6　　　　电容器耐压字母表示法一览表

A	B	C	D	E	F	G	H	J	K	W	Z
1.0	1.25	1.6	2.0	2.5	3.15	4.0	5.0	6.3	8.0	4.5	9.0

例:"2 H"$=5.0\times10^2=500$ V

　　"3 D"$=2.0\times10^3=2000$ V

(4)电容器材料的识别。电容器材料的识别是在型号的第2项,通常用字母来表示(见表1—7)。

表1—7　　　　电容器制成材料符号

代号	材料	代号	材料
A	钽材料	J	金属化纸质
B	聚苯乙烯等非极性薄膜	L	聚酯等极性有机薄膜(涤纶薄膜等)
C	高频陶瓷	Y	云母
D	铝电解	Z	纸质
E	其他材料电解	N	铌电解
G	合金电解	O	玻璃膜
H	纸膜复合	S、T	低频陶瓷
I	玻璃釉	V、X	云母纸

[例1-9]　CY—100pFJ/DC100

解:容量100 pF、耐压为直流100V、偏差为±5%的云母电容器。

[例1-10]　CT—0.47 μFM/AC250

解:容量0.47 μF、耐压为交流250 V、偏差为±20%的低频陶瓷电容器。

电容器的识别技能考核及评分标准

考核内容

3 min 内识别 10 只电容器（包括 3 只贴片电容器）为 100 分。

考核方法

1. 老师提供测量元器件和掌握考核时间。
2. 学生自带测量工具，测量结果填写在考核表中。

评分标准

1. 写出电容器的制成材料。(25 分)
2. 写出电容器的容量。(50 分)
3. 写出电容器的耐压。(25 分)
4. 每错一项，扣 1 分。

电容器测量技能考核表

电容器编号	仪表挡位	测量结果	得分
1 号			
2 号			
3 号			
4 号			
5 号			
6 号			
7 号			
8 号			
9 号			
10 号			
总得分			
考核评定			

> **练习**
>
> 1. 把以下各种表示法的电容器,写出其各自的含义。
> CC—103 K/50 V　　　　　CL—0.022 μFK/63 V
> CD—10 μFM/25 V　　　　CJ—220 μFK/160 V
> CY—1000 pF J/DC100 V　　CI—3300 pF J/63 V
> CBB—474 K/AC250 V　　　3C4n7M
> 2A103K　　　　　　　　　2J473K
> 2. 写出 5 只直接表示法的电容器。
> 3. 写出 5 只数字表示法的电容器。

三、电容器的测量技能

在实际应用电容器时,最好是对电容器进行容量值、漏电性能的测量,这是指有数字电容表等仪器、仪表的条件下需要做的工作,这样才能保证电路的正常工作。而在只有万用表的条件下,可以进行电容器的容量、漏电性能以及电容器极性的估计测量,一般也能达到电路的制作要求和进行电子设备、器具维修中对元器件的判断要求。

1. 电容器的万用表估计测量

(1) 电容器容量的估计测量。用万用表对电容器进行估计测量,主要是利用万用表内的电源对电容器的充电现象,即"万用表指针瞬间偏转后,又逐渐回到∞(无穷大)"位置的现象作为依据,将这一偏转量与另一只电容器的偏转量相比较,而得出判断结果。

测量方法如下:

将万用表转换开关置于欧姆量程中的任一挡位。用红、黑表笔分别接触被测电容器的两个电极,待电容器充电现象结束后,对调电容器的两个电极再进行测量。在两次测量中的万用表指针偏转值与作为样板的电容器测量时的两次指针偏转值相比较,如果偏转值相仿,则可以判断被测电容器的容量值基本正常。

如被测电容器测量时,万用表指针偏转值比作为样板的电容器测量时的指针偏转值小很多,则可以判断被测电容器的容量值已小很多,不应使用;如被测电容器测量时的指针不偏转,则可以判断该只电容器已失效,不能使用。

(2) 电容器漏电性能的估计测量。用万用表对电容器漏电性能的进行估计测量,主要是利用万用表内的电源对电容器的充电至结束后,观察万用表指针是否能回到∞位置这一现象来估计测量。

测量方法如下:

将万用表转换开关置于欧姆量程中的任一挡位。用红、黑表笔分别接触被测电容器的两个电极,待电容器充电现象结束,万用表指针回到∞或接近∞位置后,对调电容器的两个电极再进行测量。如果两次的测量指针均能回到∞或接近∞位置,则可以判断该被测的电容器的漏电很小,而且该电容器的工作电压也比较高;如果在两次的测量中,表针指示一次阻值大一次阻值小,则可以判断该被测的电容器的漏电比较大,而且该电容器的工作耐压也比较低。在测量过程中,充电结束后的表针读数值越大,则电容器的漏电性能越好。

(3) 电解电容器正、负极性的估计测量。在用万用表对电容器进行漏电性能的估计测量中,如果两次的测量结果中一次阻值大一次阻值小,则阻值大的一次测量中,与黑表笔相接的是电解电容器的正极,而与红表笔相接的是电解电容器的负极。

2. 贴片电容器的测量

贴片电容器体积小,使用万用表来测量非常困难,所以要使用专用测量工具才能对贴片电容器进行测量。

(1) 测量仪表。常用的专用贴片电阻器的测量仪表有 CT—M530、AV505B 等。镊式 SMD 元件识别仪 CT—M530 外形如图 1—16 所示。

CT—M530 镊式 SMD 元件识别仪,有一个数字显示屏,可以直接显示出被测值,另有一个测试头,很像是一个镊子形状,所以也称为镊式测试仪。

CT—M530 镊式 SMD 元件识别仪能对电阻器、电容器、二极管进行测量,每个测量功能均能免调节进行自动量程测量,具体性能如下:

1) 电容器的测量范围为 1 pF～100 μF(自动量程)。测量精度为 4 nF±(5.0%+5),40 nF/400 nF/4 μF/40 μF/100 μF±(3%+3)。

2) 自动关机。测试仪在待机状态下,10 min 后自动关机,以节约电能。

3) 低电量提示。使用 2 粒 AG13 型纽扣电池使用寿命可达半年以上。当电池电压低于 2 V 时,显示屏会出现低电量提示。

(2) 贴片电容器的测量方法及注意事项

1) 按下"FUNC"按钮,显示屏即刻显示。

2) 调节测量挡位。按动 CT—M530 镊式 SMD 元件识别仪上的"FUNC"按钮,使识别仪位于电容器测量挡位(见图 1—33)。

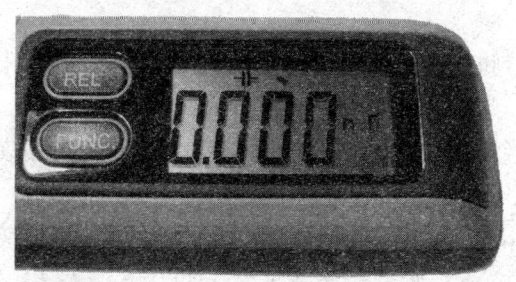

图 1—33 专用测量仪表在电容器测量挡位

3) 测量未装接的贴片电容器时,左手固定电容器,右手握测试仪进行镊式测量。由于贴片电容器体积很小,不能直接用手抓着固定,以免引进测量误差。可以用牙签按住贴片电容器,使贴片电容器不滑动,然后右手握测试仪对电容器进行镊式测量。测量值直接在显示屏上读取。

4) 测量装在电路中的贴片电容器时,左手握住电路板,右手握测试仪对被测电容器进行镊式测量。由于贴片电容器接入在电路中，会受到其他元件的影响。所以，测量初始阶段的电容器电容值要比标注值小，随着测试时间的延长，电容值会慢慢变大，当测量电容值没有变化时，即为被测电容器的容量值。CT—M530镊式SMD元件识别仪具有很高的输入阻抗，所以测量结果比较准确。

5）测量结束后，长按"FUNC"按钮3 s，使CT—M530镊式SMD元件识别仪关闭电源。

3. 电容器测量时应注意以下事项

（1）测量挡位的设定应根据被测电容器的容量大小而定

1）在测量电容器的容量时，电容器的容量小，则挡位设置反而要大，否则会造成指针偏转太小而看不清，从而造成测量误差。

2）在测量电容器的漏电性能时，万用表的挡位不能设定得太大，否则虽然指针偏转很大而看不清楚，但也同时增加了测量的时间。

3）在判断被测电容器的正、负极性时，如果表针的指示值差异很小，此时可增大一挡测量量程。

（2）严禁在测量过程中改变测量量程，以防万用表被损坏。

电解电容器的估计测量技能考核及评分标准

考核1：

考核内容

5 min内估计测量3只电解电容器为100分。

考核方法

1. 老师提供测量元器件和掌握考核时间。

2. 学生自带测量工具，测量结果填写在考核表中。

评分标准

1. 测量挡位正确，测量步骤正确，姿势正确得10分。

2. 测量方法正确得 10 分。

3. 估计测量结果正确得 80 分。

考核 2

考核内容

1. 5 min 识别 10 只贴片电容器为 20 分。

2. 5 min 内测量 8 只贴片电容器（包括 4 只贴片电解电容器）为 80 分。

考核方法

1. 老师提供测量元器件和掌握考核时间。

2. 学生自带测量工具，测量结果填写在考核表中。

评分标准

1. 测量姿势正确得 10 分。

2. 测量方法正确得 10 分。（挡位选择正确、测量方法合理）

3. 测量结果正确得 60 分。

考核表 1

电阻器编号	漏电性能判断（万用表测量记录）			容量比较估计（万用表测量记录）			得分
	挡位	阻值	阻值	挡位	阻值	阻值	
1 号							
2 号							
3 号							
总得分							
考核评定							

电解电容器测量技能考核表 2

电阻器编号	漏电性能判断 (万用表测量记录)			容量比较估计 (万用表测量记录)			得分
	挡位	阻值	阻值	挡位	阻值	阻值	
1号							
2号							
3号							
4号							
5号							
6号							
7号							
8号							
9号							
10号							

练习

1. 使用万用表测量时应注意哪些事项？
2. 如何用万用表对电容器容量进行估计测量？
3. 如何用万用表对电容器漏电性能进行估计测量？
4. 如何用万用表判断电容器的正、负极性？
5. 使用 CT—M530 镊式 SMD 元件识别仪应注意哪些事项？
6. 使用 CT—M530 镊式 SMD 元件识别仪测量贴片电容器有哪些步骤？
7. 如何使用 CT—M530 镊式 SMD 元件识别仪对贴片电容器进行测量？

模块三　二极管的识别与测量技能

二极管的全称叫晶体二极管。它的内部有两个结，一个是 P 结，使用中称为阳极，用"＋"表示；一个是 N 结，使用中称为阴极，用"－"表示。二极管具有单方向导电特性，利用这个特性，能将交流信号（交流电）变成直流信号（直流电），所以它的用途极为广泛。二极管在电路中用文字符号"VD"表示。

由于二极管生产工艺的不同，其工作性能也不同，使用场合也不尽相同。二极管主要性能参数有工作频率、工作电流和工作电压。主要参数的不同在其型号上得到区别。

一、半导体的基本知识

自然界中存在着许多种物质，按其导电性能的不同，大致可以分成三类：一类是导电性能良好的物质，如金、银、铜、铁、铝等，称导体；一类是在一般条件下不能导电的物质，如陶瓷、玻璃、塑料、橡胶等，称绝缘体；还有一类物质，它的导电性能介于导体与绝缘体之间，如锗、硅等，称半导体。

半导体除了在导电性能方面与导体及绝缘体不同外，当受到外界光和热的刺激时，其导电能力也会明显变化。在纯净的半导体中掺入某些微量元素时，它的导电性能会明显地增强。

制作半导体器件所有的硅和锗都是单晶体，完全纯净的、没有任何杂质的而且结构完整的半导体的单晶体称本征半导体。所以，二极管也称为晶体二极管。

纯净的、没有任何杂质的半导体导电性能很差，没有多大实用价值。只有掺入不同的杂质，才能成为制作晶体二极管或三极管的材料。当在硅或锗的本征半导体物质中掺入微量的五价元素，如磷或锑等元素，形成施主能级，施主能级激发后它就成了 N 型半导体。N 型半导体以自由电子导电为主，故称为电子型半导体。

如在硅或锗的本征半导体物质中掺入微量的三价元素,如硼或铟等,形成受主能级,激发后它就成为 P 型半导体。在 P 型半导体中,空穴数比电子数多很多,它的导电性能主要取决于空穴数,故称为空穴型半导体。

N 型半导体中的施主杂质电离后为带负电的自由电子和带正电而不能移动的离子。P 型半导体中的受主杂质电离后成为不能移动的负离子并产生带正电又可移动的空穴。也就是说,N 型半导体中有大量的自由电子;而 P 型半导体中有大量的自由空穴。

采用特殊的制作工艺,将 P 型半导体和 N 型半导体紧密地结合在一起,在两种半导体的交界处就会产生一种特殊的接触面,称为 PN 结。如图 1—34 所示。这种 PN 结是构成半导体器件的基础。

二、二极管的识别技能

二极管的识别可以从其用途、工作电流、工作电压及图形符号等方面进行识别技能的训练。

1. 二极管的图形符号

二极管的种类不同,它们在电路中的图形符号也不同。如图 1—34 所示是使用较多的二极管的图形符号。

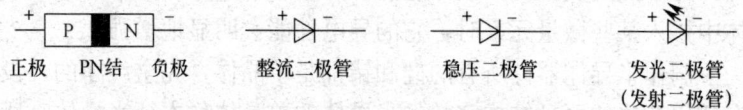

图 1—34 二极管图形符号(部分)

2. 二极管的识别

(1) 二极管的外形识别。二极管正负极性的识别如图 1—35 所示。

图 1—35b 中,自左至右分别为:

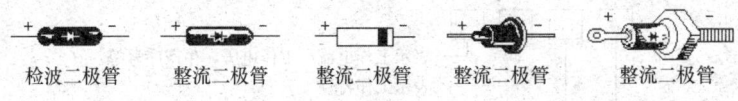

图1—35 部分二极管实物
a) 二极管极性识别 b) 部分二极管实物

1) 锗材料检波二极管。锗材料检波二极管的压降比较小,一般为0.2V左右,通常使用在分立式收音机中作音频检波之用。

2) 硅材料开关二极管。硅材料开关二极管体积比较小,压降为0.6V左右,通常在控制电路中用作单方向导通控制之用。

3) 1A整流二极管和5A整流二极管。这两种整流二极管一般多数用于交流变直流的整流电路中使用。整流电流越大,外形体积也越大,引脚也越粗。

4) 肖特基二极管。这种二极管的工作压降仅为0.3V左右,工作电流也比较大,一般都在10A以上,通常用在开关电源中作大电流整流之用。

5) 发光二极管。发光二极管主要用作信号指示之用,用途极为广泛。

(2) 二极管的性能识别。二极管型号通常采用4位字母及数字的表示方法,其含义分别表示:

1) 区分二极管或三极管。

2) 区分二极管的制作材料。

3) 区分二极管的性能、用途。

4) 区分二极管的工作电流、工作电压。

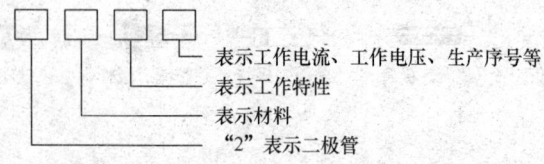

二极管型号命名方法,见表 1—8。

表 1—8　　　　二极管型号命名法

第一位	第二位		第三位		第四位
2—表示二极管	A	N 型,锗材料	P	普通管	序号（区分二极管的工作电流、工作耐压、工作频率等参数）
	B	P 型,锗材料	V	微波管	
	C	N 型,硅材料	W	稳压管	
	D	P 型,硅材料	C	参量管	
			Z	整流管	
			L	整流堆	
			S	隧道管	
			N	阻尼管	
			U	光电管	
			K	开关管	

[例 1 - 10]　2AP9

解：N 型锗材料 9 型普通检波二极管。其中"9"序号的具体含义可以通过查阅《晶体二极管器件手册》中找到该二极管的最大工作电流、最高工作电压和最高工作频率等参数。

[例 1 - 11]　1N4001

解：N 型硅材料 1 型整流二极管。其中"1"序号的具体含义可以通过查阅《晶体二极管器件手册》找到该二极管的最大工作电流、最高工作电压和最高工作频率等参数。

表 1—9 中提供了常用二极管的型号及参数,以方便读者在一般情况下使用。

表 1—9　　　　　常见二极管的型号及其参数

参数	型号					
	2AP9	2CZ11	1N4148	1N4004	1N4007	1N4504
最大整流电流 I_{DM}（mA）	5	1 000	450			
平均整流电流 I_d（mA）			150	1 000	1 000	300
最高反向工作电压 U_{RM}（V）	15	50	75	400	1 000	400
最大正向压降 U_{FM}（V）	≥0.2	≤1	≤1	≤1	≤1	≤1.2
截止频率 f_M（MHz）	100	0.003				

注：锗材料二极管正向压降为 0.2～0.4 V，硅材料二极管正向压降为 0.6～0.8 V。

(3) 二极管部分性能参数

1) 最大整流电流 I_{DM}。最大整流电流是指在半波整流连续工作的情况下，PN 结的温度不超过允许值时，二极管中允许通过的最大电流。二极管工作在最大电流时要加装散热片。

2) 平均（额定）整流电流 I_d。指二极管工作时的 PN 结温度不超过允许值时的整流电流值。PN 结温度锗管＜80℃、硅管＜150℃。

3) 最高反向工作电压 U_{RM}。指不致引起二极管击穿损坏的反向电压。

4) 最大正向压降 U_{FM}。指二极管在最大工作电流时，PN 结间的电压值。一般锗材料二极管为 0.2～0.4 V，硅材料二极管为 0.6～0.8 V。

5) 截止频率 f_M。指二极管能正常工作（发挥其最大整流电流、最高工作电压、最小正向压降）时，所处电路的工作频率。

(4) 贴片二极管的识别

1) 贴片二极管的外形识别。贴片二极管与直插形二极管的作用是一样的，仅在外形上有较大的区别，所以通常使用在小型电子产品中，如计算机、手机、蓝牙耳机、MP3 等。

贴片二极管通常采用字标表示法标注，如图 1—36 所示。

图1—36 各种贴片二极管实物

图1—36中自左至右分别为：

发光二极管。外形为长方形，电极位于两端，有色条的一侧电极为负极。这种发光二极管一般作为指示灯之用，常在手机键盘照明、MP3等显示屏背光照明使用。

超亮度发光二极管。外形为长方形，体积比较大，电极位于两端，有小斜角的一侧为负极。这种发光二极管主要使用在LED照明灯中，如LED日光灯和LED球泡灯中多数都使用这种发光二极管。使用LED发光二极管的各种照明灯，既节约大量的电能，又能提高照明光线的质量。

开关二极管或稳压二极管。这是一种圆柱状的二极管，电极位于两端，有色环的一侧为负极。开关二极管或稳压二极管中有很多型号都采用这种外形。在日常生活中，人们可以在许多电路中看到它们的身影。

整流二极管。外形为长方形，电极位于两端，有横条线标志的一侧为二极管的负极。这种贴片二极管的作用主要是整流，如LED日光灯的电源控制板中大都使用这种二极管。

高频二极管（肖特基二极管）。外形为长方形，体积比较大，电极位于两端，有横条线标志的一侧为二极管的负极。这种贴片二极管的作用主要是作高频整流，如开关电源以及LED日光灯的电源控制板中就使用到这种二极管，如使用一般的低频二极管来代替是绝对不行的。

2）贴片二极管的封装识别。贴片二极管的封装有多种，图1—36中自左至右分别为：第1种是0603封装或0805封装或1206封装的发光二极管。第2种是3528封装的发光二极管。第3种是1206/LL34圆柱状封装的二极管。第4种是SOD—123封装的整流二极管。第 5 种是 SOD—214AC 封装的高频整流二极管。

以 SOD—123 贴片二极管为例介绍贴片二极管的封装。图 1—37 所示为 SOD—123 封装的详细示意图，表 1—10 是 SOD—123 贴片二极管封装参数。SOD—123 封装的贴片二极管的典型外形尺寸为 2.70 mm×1.60 mm×1.10 mm。

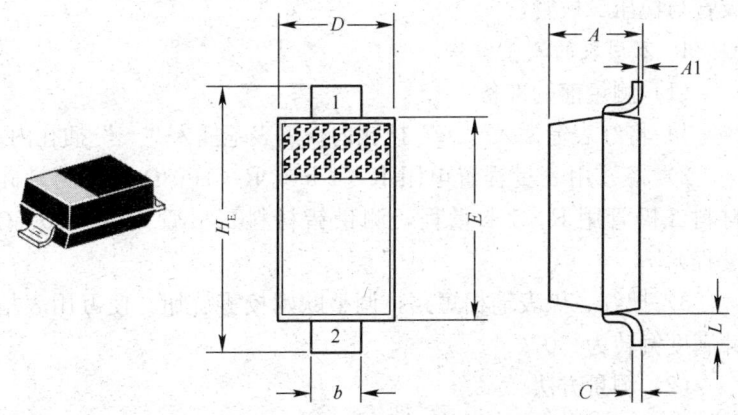

图 1—37　SOD—123 贴片二极管封装示意图

表 1—10　　SOD—123 贴片二极管封装参数

尺寸	mm			in		
	最小	通用	最大	最小	通用	最大
A	0.94	1.17	1.35	0.037	0.046	0.053
$A1$	0.00	0.05	0.10	0.000	0.002	0.004
b	0.51	0.61	0.71	0.020	0.024	0.028
C	—	—	0.15	—	—	0.006
D	1.40	1.60	1.80	0.055	0.063	0.071
E	2.54	2.69	2.84	0.100	0.106	0.112
H_E	3.56	3.68	3.86	0.140	0.145	0.152
L	0.25	—	—	0.010	—	—

三、二极管的测量技能

生产厂家对二极管的测量都是采用专用仪器，如晶体管特性图示仪等。在不具备这种条件的情况下，可以采用万用表对二极管进行简单的测量，也能达到一般的使用要求。

用万用表对二极管进行测量，可以从中判断出二极管的 PN 结的材料（锗管或硅管），二极管的正、反极性，区分出整流二极管与稳压二极管。

1. 万用表的测量方法

（1）测量前的准备

1）将红表笔插入"+"插孔内，黑表笔插入"-"插孔内。

2）将万用表量程置电阻 R×1 k 或 R×100 Ω 挡（测量硅材料二极管用 R×1 k 量程，测量锗材料二极管用 R×100 Ω 量程）。

3）把红、黑表笔相短路，调整欧姆校零旋钮，使万用表指针满度偏转为"0"。

（2）测量方法

1）将万用表放在自己的正前方，眼睛最好与刻度线平行，以提高读取数值的准确性。

2）用左手持握元器件，并注意不能同时触及两根电极，以防引入测量误差。

3）右手持握红黑表笔，并成握筷姿势，以方便测量和转换挡位。

（3）测量中的注意事项

1）不能在测量过程中转换测量挡位。如需要改变挡位必须先停止测量，待转换挡位后方可继续进行测量，以防损坏万用表。

2）测量结束或万用表处在平时状态，红、黑两根棒不能相接触，以防在欧姆挡时消耗表内电池的电能。

3）表笔破裂或表笔连线绝缘层损坏应及时更换，以确保人身安全。

4）在测量或平时状态，万用表应摆放稳固，切不可将其挤压和玩耍。

2. 二极管的万用表测量原理

二极管是一个 PN 结组成的半导体器件，具有单方向导电的性能。用万用表测量二极管时，表内的直流电源为二极管提供了工作电源。

当二极管为正向连接时（见图 1—38），即表内电池的正极，也就是万用表的黑表笔接二极管的正极。此时，二极管的 PN 结内的阻挡层变薄，使测量电路中的电流增大，万用表中流过的电流也就变大，表针就偏转大，指示的阻值读数就小。

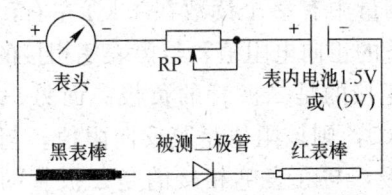

图 1—38　二极管正向测量原理图

当二极管如图 1—39 所示为反向连接时，即表内电池的正极，也就是万用表的黑表笔接二极管的负极。此时，二极管的 PN 结内的阻挡层变厚，使测量电路中的电流变小，万用表中流过的电流就很小，表针偏转就小，指示的阻值读数就很大。

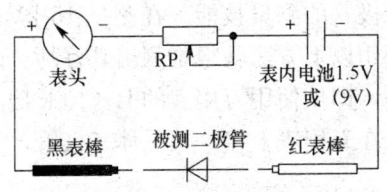

图 1—39　二极管反向测量原理图

通过观察万用表上的读数，以及识别红、黑表笔，就能测量出二极管的极性和材料。

3. 二极管的万用表测量方法

(1) 低压二极管的测量技能

1) 用红、黑表笔各接二极管的一个电极,万用表指示出一个读数,然后调换二极管两个电极再次测量,又指示一个读数。在两次测量中,有一个读数在 10 kΩ 左右,则测量的是一只硅材料二极管的正向电阻值,此次与黑表笔相接的是二极管的正极,与红表笔相接的是二极管的负极;而另一个测量阻值读数应为"∞"(无穷大)或接近∞,该阻值为二极管的反向电阻值,与黑表笔相接的是二极管的负极,与红表笔相接的是二极管的正极。

如果两次测量中有一个读数在 1 kΩ 左右,则测量的是一只锗材料二极管的正向电阻值,与黑表笔相接的是二极管的正极,与红表笔相接的是二极管的负极。而另一个测量阻值读数应大于 500 kΩ,则该阻值是其反向阻值,与黑表笔相接的是二极管的负极,与红表笔相接的是二极管的正极。符合以上测量情况,即正向电阻值小、反向电阻值大的二极管才可使用。

2) 如果测得的两次结果,阻值均很小或接近零欧姆,说明被测二极管内部 PN 结击穿或已短路;如果测得的两次结果,阻值均很大或表针不动,说明被测二极管内部已开路;以上两种情况的二极管都不能使用。

(2) 高压二极管的测量技能。在测量 15 kV、20 kV 的高压整流二极管时,用以上方法就很难测出其好坏。因为万用表内的电池电压不够高,即使使用万用表的 R×10 k 挡测量,指针也往往不摆动。如果在万用表上接一只晶体三极管,就能解决以上测量难题。

测量高压二极管接线图如图 1—40 所示。将三极管的发射极接万用表的"+"端,三极管的集电极接万用表的"−"端。

测量时,将被测高压二极管的正极接三极管的集电极(万用表的"−"端),二极管的负极接三极管的基极。此时,万

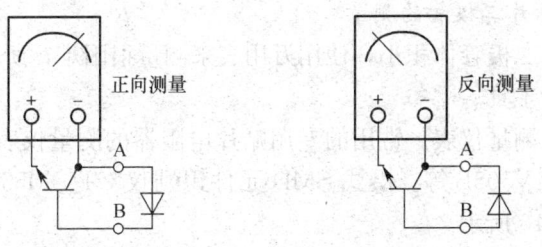

图 1—40 高压二极管测量示意图

用表中电池电压通过被测高压二极管的正极向三极管基极提供一个正向偏置电流 I_B,此电流经三极管放大后,流入万用表,使万用表中流过的电流变大而使表针偏转。当二极管正向接入时,指针指向 10 k 附近,此时 A 端接的应是硅材料二极管的正极。

如被测二极管反向接入,由于高压二极管的反向电阻非常大,虽然接入 A、B 端,但仍相当于开路,由于二极管反向截止,所以指针不偏转。二极管反向测量时,A 端接的应是高压二极管的负极。

(3) 整流二极管与稳压二极管的判别测量。判断测量整流二极管还是稳压二极管,应采用万用表的高阻挡来测量,如 R×10 k 挡来测量。因为,此时万用表的测量回路中的电池电压为 9 V 或 15 V,大于一般稳压二极管的稳压值,这样就能判断测量出稳压二极管。

在判断测量中,如整流二极管和稳压二极管的材料相同,则它们的正向阻值也基本相同。但整流二极管的反向电阻阻值为"∞"(无穷大)或接近∞,万用表的指针表现为不动或微动;而稳压二极管的反向阻值较小,只有几十千欧。这是因为稳压二极管正常工作时,是工作在其反向击穿区的。测量中,只要万用表中的电池电压高于被测二极管的反向击穿电压,万用表中就有电流流过。所以通过观察测量二极管的反向电阻值的大小,就能判断区分出是整流二极管还是稳压二极管。

4. 贴片二极管的测量

贴片二极管体积小,使用万用表来测量很困难,所以要使用专用测量工具。

(1) 测量仪表。常用的专用贴片电阻器的测量仪表有 CT—M530、AV505B 等。镊式 SMD 元件识别仪 CT—M530 外形参如图 1—16 所示。

CT—M530 镊式 SMD 元件识别仪,有一个数字显示屏,可以直接显示出被测值。CT—M530 镊式 SMD 元件识别仪有一个镊子形状测试头,能很方便地测量贴片二极管。

CT—M530 镊式 SMD 元件识别仪能对电阻器、电容器、二极管进行测量,每个测量功能均能免调节进行自动量程测量,具体性能如下:

1) 二极管的测试。可以方便地对贴片二极管进行测量。

2) 自动关机。测试仪在待机状态下,10 min 后自动关机,以节约电能。

3) 低电量提示。使用 2 粒 AG13 型纽扣电池,使用寿命可达半年以上。当电池电压低于 2 V 时,显示屏会出现低电量提示。

(2) 贴片二极管的测量方法及注意事项

1) 按下"FUNC"按钮,显示屏即刻显示。

2) 调节测量挡位。按动 CT—M530 镊式 SMD 元件识别仪上的"FUNC"按钮,使识别仪位于二极管测量挡位(见图 1—41)。

3) 测量未装接的贴片二极管时,左手固定二极管,右手握测试仪进行镊式测量。由于贴片二极管体积很小,不能直接用手抓着固定,以免引起测量误差,可以用牙签按住贴片二极管,使贴片二极管不滑动,然后右手握测试仪对二极管进行镊式测量。测量值直接在显示屏上读取。

4) 测量装在电路中的贴片二极管时,左手握住电路板,右手握测试仪对被测二极管进行镊式测量。由于专用测量仪器具有较高的输入阻抗,所以,无论是开路测量还是在路测量,都能有

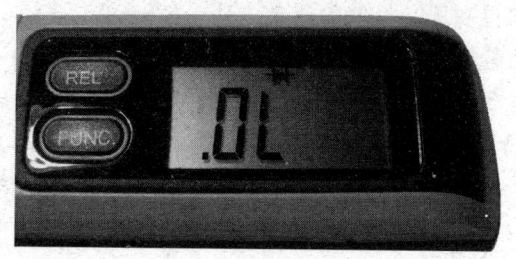

图1—41 专用测量仪表在二极管测量挡位

较好的测量效果。

5) 二极管的正向阻值显示数据为0.4～0.8,反向阻值数据为"DL"。

6) 测量结束后,长按"FUNC"按钮3 s,使CT—M530镊式SMD元件识别仪关闭电源。

7) 也可以采用普通的万用表进行测量,方法如下:

用一段双面胶贴在纸上,然后将待测的贴片式二极管贴在双面胶上。测试前需将万用表的两根表笔的头部挫尖。然后用牙签按住贴片二极管,再右手握表笔对二极管进行测量。

二极管的测量技能考核及评分标准

考核内容

10 min内测量10只二极管(包括5只贴片二极管)为100分。

考核方法

1. 学生自带测量工具(万用表和专用测量仪表)。

2. 老师提供被测元器件,并掌握考核时间。

评分标准

1. 写出两只二极管的极性与材料。(30分)

2. 写出两只二极管的正、负极。(50分)

3. 掌握高压二极管的测量方法。(20分)

4. 测量时间超过 1 min，测量结果正确，扣 10 分；测量时间超过 2 min，测量结果正确，扣 20 分；测量时间超过 3 min，测量结果正确，扣 30 分；测量时间超过 4 min，测量结果正确，扣 40 分；测量时间超过 5 min，测量结果正确，扣 50。

二极管测量技能考核表

二极管型号 \ 测量内容	正向电阻 万用表挡位	阻值	反向电阻 万用表挡位	阻值	质量鉴别 好	坏
1# 2AP9						
2# 1N4148						
3# 2CP10						
4# 1N4001						
5# 2CW53						
6# 2CN1						
7# 1N5404						
8# 2CW50						
9#						
10#						

练习

1. 二极管的正极和负极又叫什么极？
2. 二极管的识别中有哪些内容？
3. 用万用表可以估计测量二极管的哪些性能？
4. 万用表对二极管估计测量使用前有哪些步骤、要求？

> 5. 使用万用表测量二极管时应注意哪些事项？
> 6. 如何用万用表估计测量低压二极管？
> 7. 估计测量稳压二极管的基理是什么？
> 8. 专用测量仪器怎样使用？
> 9. 用专用测量仪器测量二极管有哪些步骤？
> 10. 叙述用专用测量仪器测量二极管的方法。
> 11. 使用专用测量仪器时应注意哪些事项？

模块四　三极管的识别与测量技能

三极管是一种具有放大能力的半导体器件，所以称为半导体三极管，或称晶体三极管，简称三极管。三极管按工作频率分为低频三极管、高频三极管和开关三极管。三极管性能不同，或功率不同，它们的外形也不同。如图1—45所示。

三极管的3个电极中，一个叫发射极，用字母"E"表示；一个叫基极，用字母"B"表示；一个叫集电极，用字母"C"表示（见图1—42）。

三极管在电路中的文字符号为"VT"，如电路中有2只以上三极管，则编为VT1、VT2、VT3……

一、三极管的结构与放大性能

三极管是一个具有3层结构的半导体器件，3层结构中有两个PN和三个结构区，即发射区、集电区和基区（见图1—42）。

如将发射极E作电路的公共端，基极B和发射极E之间经基极电阻R_b与基极电源U_{BB}相连，并保证发射结正偏。集电极C经集电极电阻R_C与基极电源U_{BB}相连，并确保集电结反偏（见图1—43）。称为共发射极连接形式，简称共射电路。

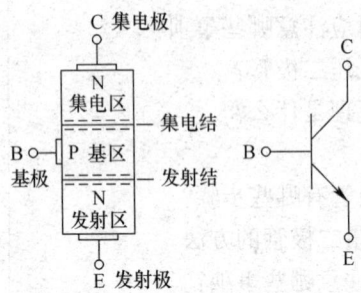
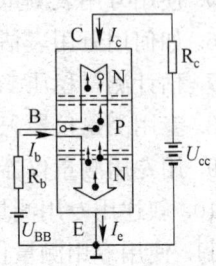

图 1—42　NPN 型三极管　　图 1—43　共发射机电路中，三极管内部载流子运动规律示意图

共射电路具有电流放大能力。如在发射结上加上正向偏置，即在三极管的基极加上正向偏置电压，发射结两侧的电子与空穴就开始运动而产生基极电流 I_b。由于集电极上加了反向电压，在发射区向基区注入大量电子的同时，也被集电区的空穴吸引去了大量的电子，从而产生了集电极电流 I_C。发射结的正向偏置电压越高，则基区得到发射区的电子数量就越多，被集电区吸引过去的电子流就越强，集电极电流 I_C 就越大。

从以上分析可知，基极电流 I_B 和集电极电流 I_C 都是由发射极发射的电子形成的。电源 U_{CC} 和基极偏置 U_{BB} 不断的向发射极提供电子，形成发射极电流 I_E。把三极管看作电路中的一个节点，根据克希荷夫定律，流入节点的电流 I_B 和 I_C 等于流出节点的电流 I_E。即发射极电流等于基极电流加集电极电流之和

$$I_E = I_B + I_C$$

三极管一旦制成，这只三极管内电子与空穴的运动能力就被基本确定了，即三极管的电流放大能力 β 值就基本被确定。所以，共射电路的集电极电流 I_C 为

$$I_C = I_B \times \beta$$

二、三极管的识别技能

三极管的用途极为广泛，为了正确地使用三极管，首先要了

解三极管的特性、判断三极管的优劣、辨别它的极性。

1. 三极管的图形符号

三极管在电路中除了有文字符号外,还有其特定的图形符号。三极管的电路图形符号如图1—44所示。

图1—44 三极管图形符号
a）PNP型三极管 b）NPN型三极管

从图1—44中可以看出,NPN型三极管的符号中发射极的箭头是向外的,而PNP型三极管的符号中发射极的箭头是向内的。

2. 三极管的外形识别

（1）普通三极管的识别。三极管的外形种类很多,有大有小,有圆有扁（见图1—45）。

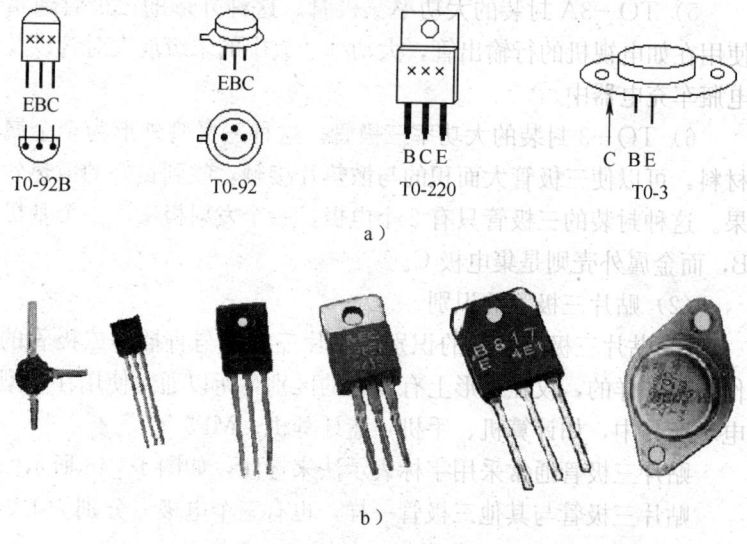

图1—45 部分三极管外形识别
a）三极管（部分）外形示意图 b）三极管（部分）外形实物

图 1—45b 中，自左至右，分别为：

1) SOT—89 封装的超高频微波三极管。超高频微波三极管工作频率在 1 000 MHz 以上，外形体积很小，通常使用在电视机的高频头中，或者是有线信号放大器中等，型号有 2SC3357 等。

2) TO—92 封装的小功率三极管。这种三极管的使用十分普遍，在很多控制电路中都能见到。这种三极管通常采用进口芯片，然后进行封装而组成。常用的型号有 9012、9013、9018 等。

3) TO—126 封装的中功率三极管。这种三极管常用在简单的稳压电源中或小功率音频放大器中，有固定散热片的安装孔，常见到的型号有 13003 等。

4) TO—220 封装的大功率三极管。这种外形的三极管使用比较广泛，通常在电源电路或音响电路或控制电路中能见到，常见到型号有 TIP31、TIP41、TIP122 等，三端稳压块 7805、7905 等也是采用这种外形的封装。

5) TO—3A 封装的大功率三极管。这种外形的三极管通常使用在如电视机的行输出管，大功率功放中的末级放大对管以及电瓶车充电器中。

6) TO—3 封装的大功率三极管。这种三极管外形为全金属材料，可以使三极管大面积的与散热片接触，收到良好的散热效果。这种封装的三极管只有 2 个电极，一个发射极 E，一个基极 B，而金属外壳则是集电极 C。

(2) 贴片三极管的识别

1) 贴片三极管外形的识别。贴片三极管与直插形二极管的作用是一样的，仅在外形上有较大的区别，所以通常使用在小型电子产品中，如计算机、手机、蓝牙耳机、MP3 等。

贴片三极管通常采用字标表示法来标注，如图 1—46 所示。

贴片三极管与其他三极管一样，也有三个电极，分别为 E—发射极、B—基极、C—集电极，如图 1—47 所示。

2) 贴片三极管的封装识别。贴片三极管的封装有多种形式，

图1—46 几种贴片三极管实物

但是使用较多的是图1—46中的几种。自左至右分别为：第1种是SOT—23封装的贴片三极管。第2种是SOT—113封装的贴片三极管。第3种是TO—252封装的贴片三极管。

①SOT—23贴片三极管。使用SOT—23封装的贴片三极管，通常的型号有9012、9013、8050、8850等三极管。图1—48所示为SOT—23封装的详细示意图，表1—11是SOT—23贴片三极管的封装参数。

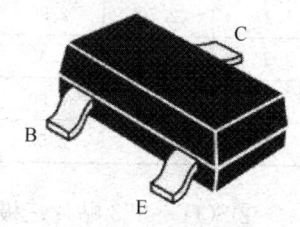

图1—47 贴片三极管引脚示意图

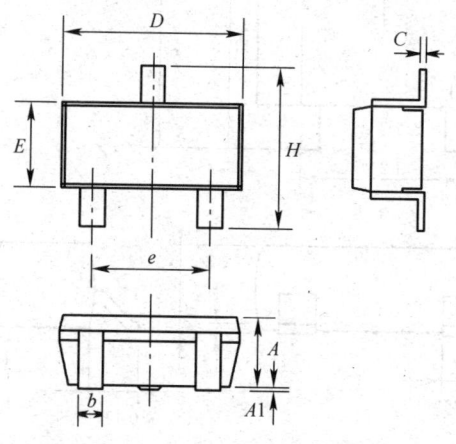

图1—48 SOT—23三极管封装示意图

表 1—11　　SOT—23 贴片三极管封装参数

符号	尺寸（mm）			尺寸（in）		
	最小	通用	最大	最小	通用	最大
A	1.05	1.15	1.35	0.041	0.045	0.053
A1	—	0.05	0.10	—	0.002	0.004
b	0.35	0.40	0.55	0.014	0.016	0.022
C	0.08	0.10	0.20	0.003	0.004	0.008
D	2.70	2.90	3.10	0.106	0.114	0.122
E	1.20	1.35	1.50	0.047	0.053	0.059
e	1.70	1.90	2.10	0.067	0.075	0.083
H	2.35	2.55	2.75	0.093	0.100	0.108

②SOT—323 贴片三极管。使用 SOT—323 封装的贴片三极管，通常的型号有 2N3904、2SK3018 等三极管。图 1—49 所示为 SOT—323 封装的详细示意图。

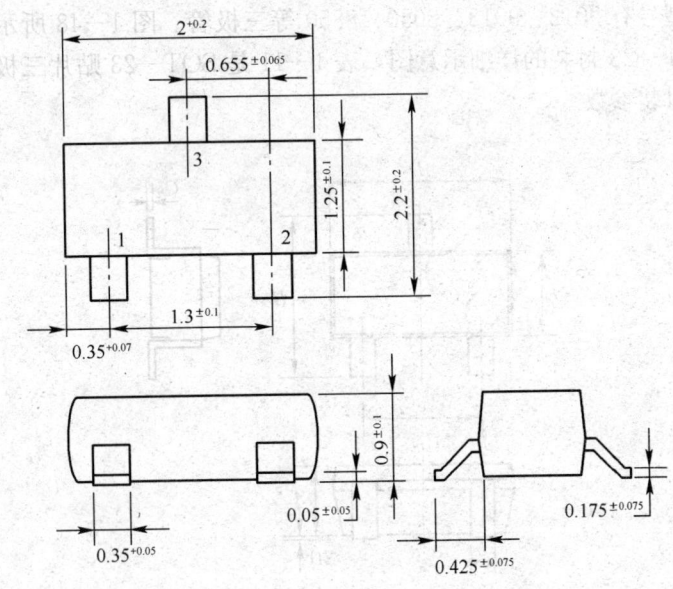

图 1—49　SOT—323 三极管封装示意图

③TO—252贴片三极管。通常使用TO—252封装的晶体管型号有78M05、79M05等三端稳压块,以及D1758、A1385、B340等一些大功率三极管和60N03、J210、K416等一些大功率场效应三极管。图1—50所示为TO—252封装的详细示意图,表1—12是TO—252贴片三极管的封装参数。

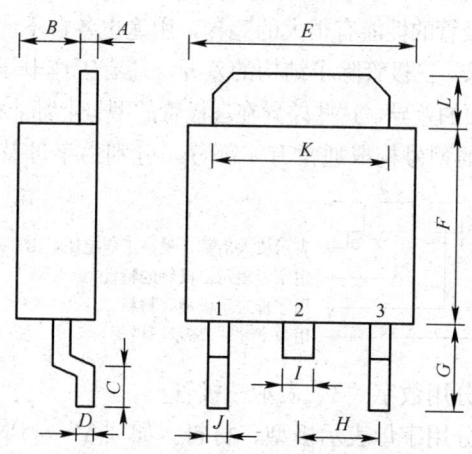

图1—50　TO—252三极管封装示意图

表1—12　　TO—252贴片三极管封装尺寸参数

尺寸代号	最小(mm)	最大(mm)
A	0.45	0.55
B	1.65	1.95
C	0.90	1.50
D	0.45	0.60
E	6.40	6.80
F	5.20	5.60
G	2.20	2.80
H	—	2.30
I	—	0.90
J	—	0.80

续表

尺寸代号	最小（mm）	最大（mm）
K	5.20	5.50
L	1.40	1.60

3. 三极管的性能识别

不同三极管的性能有很大的差异，用途也各自不同，在使用时有严格的要求。三极管除了结构的差异，还有工作电压、功率和放大倍数等方面的差异，这些差异在三极管的型号上都能得以区分。

三极管的型号构成通常有 4 部分，分别由字母及数字表示：

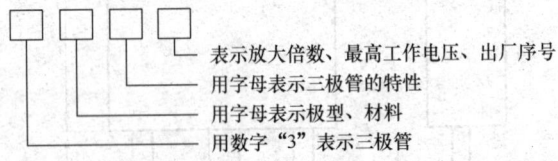

第 1 部分用数字"3"表示三极管。

第 2 部分用字母表示极型、材料。如"A"—PNP 型锗材料三极管；"D"—NPN 型硅材料三极管……。

第 3 部分用字母表示三极管的性能。

第 4 部分用数字表示三极管的放大倍数、最高工作耐压、出厂序号。

三极管型号命名方法，见表 1—13。

表 1—13　　　　　三极管型号命名方法

第二部分		第三部分	
A	PNP 型，锗材料	X	低频小功率管（$f_a<3$ MHz，$P_c<1$ W）
B	NPN 型，锗材料	G	高频小功率管（$f_a<3$ MHz，$P_c<1$ W）
C	PNP 型，硅材料	D	低频大功率管
D	NPN 型，硅材料	A	高频大功率管
		K	开关管

[例 1-12]　3DG6B

解："3DG"表示硅材料高频小功率三极管，"B"最高工作电压为 12～15 V，出厂序号为 6 型（"6 型"还包含其他一些性能参数，如 U_{CEO}、P_{CM}、I_{CM}、β 值等，这些都可以通过晶体三极管手册查出）。

如有条件，应在使用前查阅晶体三极管使用手册。

4. 三极管部分性能参数

(1) 集电极—发射极反向击穿电压 $U_{(BR)CEO}$。发射极开路 ($U_E = 0$) 时，集电极与发射极间最大允许的反向电压。

(2) 集电极—基极反向击穿电压 $U_{(BR)CBO}$。基极开路 ($U_B = 0$) 时，集电极与基极间最大允许的反向电压。

(3) 集电极—发射极反向截止电流 I_{CEO}。基极开路 ($I_B = 0$)，集电极—发射极间加规定反向电压时的集电极电流，也叫穿透电流。

(4) 集电极—基极反向截止电流 I_{CBO}。发射极开路 ($I_E = 0$)，集电极—基极间加规定反向电压时的集电极电流。

(5) 共发射极电路直流放大系数 h_{FE}（或 β）。共发射极电路中，集电极电流 I_C 与基极电流 I_B 之比，$h_{FE} = I_C / I_B$。

(6) 共基极截止频率 f_α。因频率升高，当 $h_{FE}(\beta)$ 下降到等于 1 所对应的频率。

(7) 集电极最大允许电流 I_{CM}。当三极管参数变化不超过规定值时，集电极允许承受的最大电流。一般是指 $h_{FE}(\beta)$ 减小到规定值的 2/3 的 I_C 值。

(8) 集电极最大允许耗散功率 P_{CM}。保证参数在规定范围内变化，集电极上允许损耗功率的最大值。

常见三极管及其参数见表 1—14。

表 1—14　　　　　常见的三极管及其参数

参数	型号						
	8050	8550	9011	9012	9013	9014	9015
P_{CM} (mW)	1 000	1 000	400	650	650	450	450
I_{CM} (mA)	1 000	1 000	300	700	700	150	150

续表

参数	型号						
	8050	8550	9011	9012	9013	9014	9015
$U_{(BR)CEO}$（V）	35	35	30	30	30	30	30
截止频率（MHz）	100	100	140	80	80	150	150
类型	NPN	PNP	NPN	PNP	NPN	NPN	PNP
β值	棕 5～15、红 15～25、橙 25～40、黄 40～55、绿 55～80、蓝 80～120、紫 120～180、灰 180～270、白 270～400						

三、三极管的测量技能

对三极管进行测量，厂家都采用专用仪器，如晶体管特性图示仪等。在一般场合，可以采用万用表对三极管进行估计测量，也能达到一般的使用要求。

1. 用万用表测量三极管

（1）测量前的准备。

1）将红表笔插入"＋"插孔内，黑表笔插入"－"插孔内。

2）将万用表量程切换至电阻 R×1 k 或 R×100 Ω 挡（测量硅材料三极管用 R×1 k 量程，测量锗材料三极管用 R×100 Ω 量程）。

3）把红、黑表笔相短路，调整欧姆校零旋钮，使万用表指针满度偏转为"0"。

（2）测量注意事项

1）将万用表放在自己的正前方，眼睛最好与刻度线平行，以提高读取数值的准确性。

2）用左手的中指与拇指夹持三极管，食指准备作人体电阻之用（见图1—51）。

3）右手持握红黑表笔，并成握筷姿势，以方便测量和

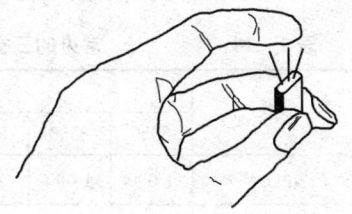

图1—51 左手夹持三极管

转换挡位。

4) 不能在测量过程中改换测量挡位。如需要改变挡位必须先停止测量，待转换挡位后方可继续进行测量，以防损坏万用表。

5) 测量结束或万用表处在平时状态，红、黑两根表笔不能相接触，以防在欧姆挡时消耗表内电池的电能。

6) 表笔破裂或表笔连线绝缘层损坏应及时更换，以确保人身安全。

7) 在测量或平时状态，万用表应摆放稳固，切不可将其挤压和随意摆弄。

2. 三极管的万用表测量原理

万用表在使用欧姆测量挡位时，欧姆测量电路中串联着表内使用的 1.5 V 或 9 V 直流电源。在测量三极管的基极与集电极或基极与发射极间的直流电阻时，相当于表内电源使基极与集电极的 PN 结或是基极与发射极的 PN 结成正向连接而正向导通。于是测量回路中就有电流通过，此时表针偏转较大，如图 1—52 所示。

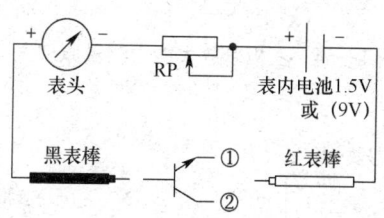

图 1—52　三极管测量原理之一

当改变红、黑表笔，红表笔接三极管的基极，黑表笔接三极管的集电极或发射极时，两个 PN 结与电路的电源极性成反向连接，测量电路中几乎没有电流通过，所以表针不偏转，测量阻值为∞，如图 1—53 所示。

在测量三极管的放大能力时，被测三极管与万用表组成了一

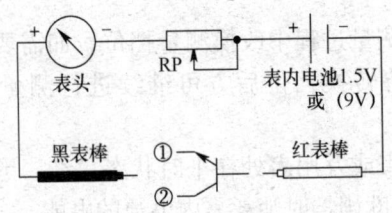

图 1—53 三极管测量原理之二

个三极管的共发射极放大电路,如图 1—54 和图 1—55 所示。表头是三极管的集电极负载,100 kΩ 电阻是三极管的基极偏置电阻。只要三极管性能良好,都会产生集电极电流,从而使表针产生偏转。表针偏转越大,说明三极管的放大性能越强。

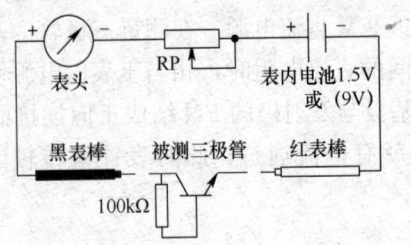

图 1—54 三极管放大能力测量原理之一

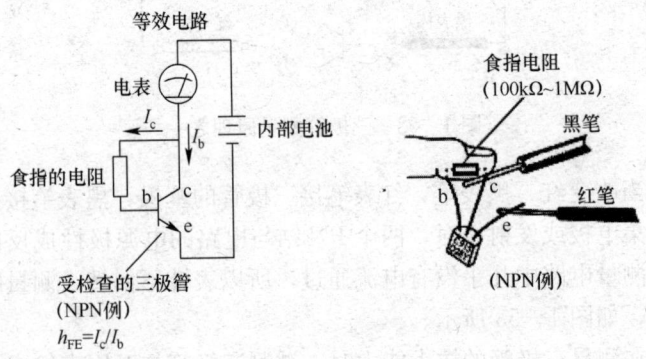

图 1—55 三极管放大能力测量原理之二

3. 三极管的万用表测量方法

(1) 测量 NPN 型硅材料三极管

1) 测量三极管的基极与集电极和基极与发射极之间的正、反向电阻值。左手中指与拇指夹住三极管，管脚朝上，如图 1—51 或图 1—55 所示。将欧姆挡置 R×1 k 挡。黑表笔接基极，红表笔分别接集电极和发射极，测出两次正向电阻值均为 10 kΩ 左右。再用红表笔接基极，黑表笔分别接集电极和发射极，测出两次反方向电阻值应均为 ∞（无穷大）或接近 ∞。

2) 测量 NPN 型硅材料三极管的穿透电流。将黑表笔接三极管的集电极，红表笔接发射极，测出的阻值应为 ∞（无穷大）或接近 ∞。阻值越大，三极管的穿透电流越小。

3) 测量 NPN 型硅材料三极管的放大能力。保持第 2) 条测量动作，然后在三极管的集电极与基极之间接一只 100 kΩ 左右的电阻，也可以按照图 1—55 所示，用左手食指的人体电阻来代替，此时万用表的表针发生偏转。这种万用表表针的偏转现象，说明了三极管有放大能力，表针偏转越大，说明三极管的放大能力越高。

4) 测量 NPN 型锗材料三极管时，挡位选在 R×100 Ω 挡或 R×10 Ω 挡，测量方法同第 1) ~ 3) 条，但读数有较大差别。测量时测出的前两次 PN 结的正向电阻值均在 1.5 kΩ 左右，反向电阻值均应大于 200 kΩ。而且，锗材料三极管的穿透电流也比较大，其直流阻值约为 200 kΩ。

(2) 测量 PNP 型硅材料三极管

1) 测量三极管的基极与集电极和基极与发射极之间的正、反向电阻值。因为测量的仍然是硅材料三极管，所以测量挡位还是放在 R×1 k 挡，而表笔的颜色与测量 NPN 管时相反，即红表笔接基极，黑表笔分别接集电极和发射极，测出两次正向电阻值均为 10 kΩ 左右。再用黑表笔接基极，红表笔分别接集电极和发射极，测出两次反方向电阻值应均为 ∞（无穷大）或接近 ∞。

2）测量 PNP 型硅材料三极管的穿透电流。将红表笔接集电极，黑表笔接发射极，测出的阻值为∞（无穷大）或接近∞。阻值越大，三极管的穿透电流越小，性能越好。

3）测量 PNP 型硅材料三极管的放大能力。保持第 2）条测量动作，然后在三极管的集电极与基极之间接一只 100 kΩ 左右的电阻，也可以按照图 1—51 所示，用左手食指的人体电阻来代替，此时万用表的表针发生偏转。这种万用表表针的偏转现象，说明了三极管有放大能力，表针偏转越大，说明三极管的放大能力越高。

4）测量 PNP 型锗材料三极管时，挡位选在 R×100 Ω 挡或 R×10 Ω 挡。测量方法与以上相同，只是测出的阻值读数有较大差别，两个正向阻值均在 1.5 kΩ 左右，反向阻值均应 >200 kΩ。测量穿透电流时的阻值约为 200 kΩ。

表 1—15 所列是用 MF—47 型万用表测量三极管时的直流阻值一览表。

表 1—15　　　　三极管的电阻值一览表

三极管	表笔及管脚							
	黑-红 B-E	黑-红 B-C	红-黑 B-E	红-黑 B-C	黑-红 C-E	黑-红 E-C	黑-红 C-E (h_{FE})	黑-红 E-C
NPN 硅管	约 10 k	约 10 k	>10 MΩ	>10 MΩ	>10 MΩ	>10 MΩ	阻值较小	阻值较大
NPN 锗管	约 1.5 k	约 1.5 k	>200 k	>200 k	>200 k	>500 k	阻值较小	阻值较大
PNP 硅管	>10 MΩ	>10 MΩ	约 10 k	约 10 k	>10 MΩ	>1 MΩ	阻值较小	阻值较大
PNP 锗管	>200 k	>200 k	约 1.5 k	约 1.5 k	>200 k	>500 k	阻值较大	阻值较小

注：测量用的万用表型号不同，以上阻值会有一些差异。

4. 三极管管脚名称的判断测量

在无法识别三极管的 3 个电极时，可以使用万用表对三极管进行判断测量,以便判断三极管的发射极、基极和集电极。

在三极管中,三极管的基极与另外两个电极之间呈现的是两个二极管的正、反向直流电阻特征,利用这种特征就能找到三极管的基极,进而找到集电极和发射极。

(1) 三极管管脚名称的判断方法一

1) 判断三极管的基极。用黑表笔接三极管的某一管脚(假设作为基极),再用红表笔分别接另外两个管脚。如果两次阻值都很小,阻值均在 10 kΩ 左右,则该管是 NPN 型硅材料三极管;如阻值均在 1 kΩ 左右,则该管是 NPN 型锗材料三极管。因为,黑表笔是测量的公共表笔,所以与黑表笔相接的就是 NPN 型三极管的基极。

如用红表笔接假设的基极,黑表笔分别接另外两个管脚。如果两次阻值都很小,阻值均在 10 kΩ 左右,则该管是 PNP 型硅材料三极管;如阻值均在 1 kΩ 左右,则该管是 PNP 型锗材料三极管。因为,红表笔是测量的公共表笔,所以与红表笔相接的是 PNP 型三极管的基极。

如果两次测量中,一次阻值小一次阻值大,则说明基极假设得不对,应调换另一只管脚,再进行以上方法的测量,直至找到三极管的基极。

2) 判断集电极和发射极。在以上测量的基础上进行以下测量步骤:

如已测出是一只 NPN 型三极管,则黑表笔接假设的集电极,红表笔接假设的发射极,并在基极与假设的集电极间并接一只阻值为 100 kΩ 左右的电阻(也可以用手指触摸的人体电阻来代替),测出一个阻值。然后改变假设的集电极与发射极,黑表笔仍然接假设的集电极,红表笔接假设的发射极,并在基极与假设的集电极间再次并接一只 100 kΩ 左右电阻(也可以用手指触摸的人体电阻来代替),又测出一个阻值。在两次测量中,偏转大的一次与黑表笔相接的就是 NPN 型三极管的集电极，与红表笔相接的则是 NPN 型三极管的发射极。

如已测出是一只 PNP 型三极管，则红表笔接假设的集电极，黑表笔接假设的发射极，并在基极与假设的集电极间并接一只阻值为 100 kΩ 左右的电阻（可用手指触摸的人体电阻来代替），测出一个阻值；然后改变假设的集电极和发射极，红表笔仍然接假设的集电极，黑表笔接假设的发射极，并在基极与假设的集电极间再次并接一只 100 kΩ 左右的电阻，又测出一个阻值。在两次测量中，偏转大的一次与红表笔相接的就是 PNP 型三极管的集电极，与黑表笔相接的是 PNP 型三极管的发射极。

(2) 三极管管脚名称的判别方法二

1) 集电极与发射极的直接判断。黑表笔接 NPN 型三极管假设的集电极，红表笔接假设的发射极，在假设的集电极与假设的基极间并接一只 100 kΩ 左右电阻，测出一个阻值；再将以上集电极和发射极调换假设，在假设的集电极与假设的基极间并接一只 100 kΩ 左右电阻，又测出一个阻值。如果两次阻值一大一小（表针偏转一大一小），则表针偏转大的一次与黑表笔相接的是 NPN 型管的集电极，与红表笔相接的是 NPN 型管的发射极。因为在两次测量中均以黑表笔接假设的集电极，所以是一只 NPN 型的三极管。

如用红表笔接 PNP 型三极管假设的集电极，黑表笔接假设的发射极，在假设的集电极与假设的基极间并接一只 100 kΩ 左右电阻，测出一个阻值；再将以上集电极和发射极调换假设，在假设的集电极与假设的基极间并接一只 100 kΩ 左右电阻，又测出一个阻值。如果两次阻值一大一小（针偏转一大一小），则表针偏转大的一次与红表笔相接的是 PNP 型三极管的集电极，与黑表笔相接的是 PNP 型三极管的发射极。因为在两次测量中均以红表笔接假设的集电极，所以是一只 PNP 型的三极管。

2）测出集电极和发射极后，另一个管脚就是三极管的基极。

5. 三极管穿透电流的估计测量

一只三极管的穿透 I_{CEO} 大时，其耗散功率会增大、热稳定性变差、噪声加大、调整三极管的工作点困难。所以人们应该使用 I_{CEO} 小的三极管。用万用表能估计测量出三极管的穿透 I_{CEO} 大小。

测硅材料三极管时，用万用表 R×1 k 挡测量。如果是 NPN 型三极管，则黑表笔接集电极，红表笔接发射极；如果是 PNP 型三极管，则红表笔接集电极，黑表笔接发射极。其测量阻值在几百千欧以上，如测量阻值很大（表针摆动很小），这说明三极管的穿透电流很小。

测锗材料三极管时，用万用表 R×100 Ω 或 R×10 Ω 挡测量。如果是 NPN 型三极管，则黑表笔接集电极，红表笔接发射极；如果是 PNP 型三极管，则红表笔接集电极，黑表笔接发射极。其测量阻值在几十千欧以上，阻值越大说明三极管的穿透电流越小。如果在测量中表针缓慢地向低阻值方向移动，说明 I_{CEO} 值大，而且稳定性差；如果阻值接近于零，说明三极管已击穿损坏。

6. h_{FE} 三极管直流放大倍数测量

万用表挡位置于 h_{FE} 挡时，可以简单地测量 PNP、NPN 型小功率三极管。测量时首先是对该挡位进行校零，然后进行实际测量。测量 NPN 型小功率三极管时，将三极管插入"N"标注的插孔中，并注意三个电极不能插错；测量 PNP 型小功率三极管时，将三极管插入"P"标注的插孔中，并注意三个电极不能插错。如果三极管的基极不插入"B"孔中，此时测出的是三极管的 I_{CEO}（穿透电流）值。指针向低阻值方向偏转越少，则说明三极管的 I_{CEO} 越小，性能也越好。

7. 贴片三极管的测量

贴片三极管体积小，使用万用表来测量非常困难，所以要使用专用测量工具才能对贴片三极管进行测量。

(1) 测量仪表。常用的专用贴片电阻器的测量仪表有 CT—M530 型、AV505B 型等镊式 SMD 元件识别仪。镊式 SMD 元件识别仪 CT—M530 外形如图 1—56 所示。

(2) 贴片三极管的测量方法及注意事项。在用万用表测量正常三极管时，在 B 极与 C 极之间或在 B 极与 E 极之间，会出现两次正向直流阻值，阻值在 $5\sim10$ kΩ；还会出现两次反向直流阻值，阻值为∞。利用三极管的这种特性，可以采用 CT—M530 型镊式 SMD 元件识别仪对贴片三极管进行估计测量。其方法如下：

1) 按下"FUNC"按钮，显示屏即刻显示。

2) 调节测量挡位。按动 CT—M530 镊式 SMD 元件识别仪上的"FUNC"（功能）按钮，使识别仪位于二极管测量挡位（见图 1—56）。

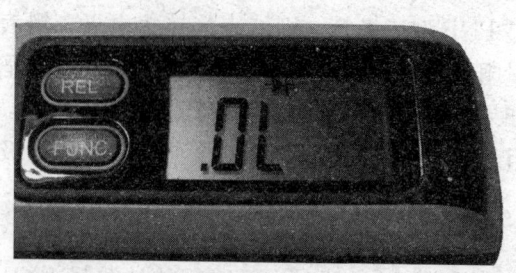

图 1—56 专用测量仪表在二极管测量挡位

测量未装接的贴片三极管时，左手固定贴片三极管，右手握测试仪进行镊式测量。由于贴片三极管体积很小，不能直接用手抓着固定，以免引进测量误差。可以用牙签按住贴片三极管，使贴片三极管不滑动，然后右手握测试仪对三极管进行镊式测量。测量值直接在显示屏上读取。其测量步骤为：

①测量贴片三极管的 B 极与 C 极，测出阻值分别为 $0.4\sim0.8$ Ω 和"DL"，表明测出的 B 极与 C 极间的正向阻值、反向阻值的数据正确。

②测量贴片三极管的 B 极与 E 极，测出阻值分别为 $0.4\sim$

0.8 Ω 和"DL",说明测量正确,该贴片三极管的 B 极与 E 极正常。

③测量贴片三极管的 C 极与 E 极,两次阻值应分别为"DL",说明测量正确,该贴片三极管的 C 极与 E 极正常。

测出以上结果时,可以估计判断出该只被测的贴片三极管是好的。因为三极管损坏后,被测三极管的两个管脚的阻值特性,要么两次都是小阻值(击穿损坏),要么两次都是大阻值(开路损坏);要么是 C 极与 E 极之间的很小阻值(击穿损坏)。

3)测量装在电路中的贴片三极管时,左手握住电路板,右手握测试仪对被测三极管进行镊式测量。由于专用测量仪器具有较高的输入阻抗,所以无论是开路测量还是在路测量,都能有较好的测量效果。

4)测量结束后,长按"FUNC"按钮 3 s,使 CT—M530 镊式 SMD 元件识别仪关闭电源。

5)也可以采用普通的万用表进行测量,方法如下:

用一段双面胶贴在纸上,然后将待测的贴片式三极管贴在双面胶上。测试前需将万用表的两根表笔的头部挫尖,然后用牙签按住贴片三极管,再右手握表笔对三极管进行测量。

三极管的测量技能考核及评分标准

考核内容

5 min 内测量 5 只三极管(包括 3 只贴片三极管)为 100 分。

考核方法

1. 学生自带测量工具(万用表)。
2. 老师提供被测元器件,并掌握考核时间。

评分标准

1. 写出三极管的极性与材料。(20 分)
2. 写出三极管的管脚名称。(60 分)

3. 掌握三极管 I_{CEO} 的测量方法。(20 分)

4. 测量时间超过 1 min，测量结果正确，扣 10 分；测量时间超过 2 min，测量结果正确，扣 20 分；测量时间超过 3 min，测量结果正确，扣 30 分；测量时间超过 4 min，测量结果正确，扣 40 分；测量时间超过 5 min，测量结果正确，扣 50 分；碰掉元器件标志，每只扣 10 分。

三极管测量技能考核表

管型号	b-e间		b-c间		三极管类型		I_{CEO}		h_{FE}
	正向电阻	反向电阻	正向电阻	反向电阻	PNP	NPN	大	小	
3DG6									
3AX31									
9013									
9012									
9015									
3DD15									
3AD30									

练习

1. 三极管有几个电极，各用什么字母表示？
2. 三极管的型号中包括哪些技术内容？
3. 用万用表可以对三极管进行哪些主要性能的估计测量？
4. 万用表对三极管测量前有哪些准备步骤、要求？
5. 万用表测量三极管时有哪些注意事项？
6. 如何用万用表判断测量 PNP 型三极管的基极？
7. 如何用万用表判断测量 PNP 三极管的发射极和集电极？

8. 如何用万用表判断测量 PNP 型三极管的放大倍数？

9. 如何用万用表判断测量 PNP 型三极管的穿透电流？

10. 如何用万用表判断测量 NPN 型三极管的基极？

11. 如何用万用表判断测量 NPN 三极管的发射极和集电极？

12. 如何用万用表判断测量 NPN 型三极管的放大倍数？

13. 如何用万用表判断测量 NPN 型三极管的穿透电流？

14. 专用测量仪器怎样使用？

15. 专用测量仪器测量三极管有哪些步骤？

16. 叙述专用测量仪器测量三极管的方法？

17. 专用测量仪器有哪些使用注意事项？

单元总考核

考核内容

10 min 内测量 2 只电阻、2 只电容、2 只二极管、4 只三极管（包括 2 只贴片三极管）为 100 分。

考核方法

1. 学生自带测量仪表（万用表）。

2. 老师提供考核元器件，并掌握考核时间。

3. 测量结果填写在考核表中，当场考核当场记分。

考核标准

1. 测量姿势正确，得 10 分（持握元器件、持握仪表）。

2. 测量步骤正确，得 10 分（测量思路清晰，方法得当，使用仪表正确）。

3. 测量结果正确，得 80 分（写出正确的测量结果）。

第二单元　电子元器件的插装与导线加工技能

培训目标：
1. 适应企业生产中对常用元器件引脚的成形要求。
2. 适应企业生产中元器件的插装技术要求。

培训要求：
1. 掌握元器件引脚的成形技能。
2. 掌握元器件的插装技能。
3. 掌握导线的加工技能。

元器件在装配前，首先要将元器件插装在印制电路板上，然后才能对元器件进行焊接。元器件的插装质量的好坏，直接关系到装配质量的好坏，也影响到焊接质量的好坏，与电子产品的整机质量紧密相关。

每个电子产品的控制面板，都需要通过绝缘导线对主电路板进行连接，以实现电子产品的整体功能。所以对各种导线的加工质量，关系到整机质量的好坏及产品的使用寿命。

模块一　元器件的引脚成形技能

元器件的引脚成形技能是电子装配工的基本技能。

一、元器件的引脚成形目的

元器件的引脚间距大小各异，而印制电路板的元器件孔距是根据整机体积大小以及印制电路板的体积大小而设定的。

如果将元器件引脚直接插入印制电路板的焊孔中会带来困难。为了解决这个问题，必须要在插件之前调整元器件引脚的间距，即改变元器件引脚的原始间距，使之符合印制电路板的焊孔间距。这种将元器件的引脚进行调整使之符合插件要求的过程就叫引脚成形，而多、快、好的引脚成形技术就是引脚成形技能。现在，元器件的引脚成形可以采用机器进行加工，其一致性好、速度快。本模块主要是介绍元器件的手工成形技能。

对元器件引脚成形不仅是为了使其符合装配要求，同时也是为了使装配后电路板更加美观、坚固，有利于提高整机的性能和质量。

二、元器件的引脚成形技能

元器件引脚成形技能中除了对元器件引脚成形，还包括相关连接线的成形技能。由于连接线的装接是安排在装接中的第一项内容，所以将连接线成形技能的学习、训练放在首位介绍。

1. 连接线的成形

在设计印制电路板时，由于电路图比较复杂，而不能把某根线路连贯设计时，就要借助一根或几根很短的金属线，将两根线路进行连接，使之成为通路。这种场合下的金属线也叫"连接线"，或称为"短路线"。金属线通常为电阻器剪下后的引脚或是镀银铜丝。

连接线的成形主要根据两焊盘（孔）间的距离而定。也可以将连接线的安装与成形合二为一，具体方法如下：

（1）取一根长度合适的连接线（可以是电阻器的引脚或是镀银铜丝）。左手拇指和食指捏住连接线一端，将其插入印制电路板的某焊孔中（见图2—1）。连接线插入印制电路板中的长度可由左手控制。

（2）用左手食指将连接线（向自己的身体内侧方向）压折弯45°（见图2—2）。注意压折处要紧贴印制电路板。

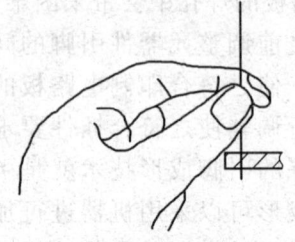 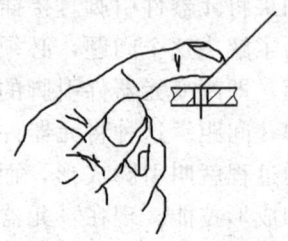

图 2—1　连接线安装步骤 1　　　　图 2—2　连接线安装步骤 2

（3）用镊子将连接线在其与两焊孔间距相仿的位置弯折 90°，弯折处在自己身体的内侧方向（见图 2—3）。

（4）右手用镊子镊住连接线，将其插入焊孔中（见图 2—4）。

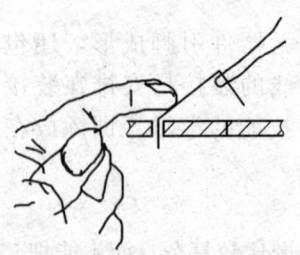 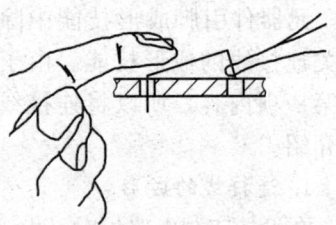

图 2—3　连接线安装步骤 3　　　　图 2—4　连接线安装步骤 4

（5）用右手食指和镊子同时将连接线压入焊孔中，再用镊子根部的平面将连接线压平，使连接线紧贴电路板（见图 2—5）。

连接线在焊接前，应用安装压板将连接线压住，然后用夹子将安装压板与印制电路板夹紧，再将印制电路板 180° 的翻过来（焊接面向上）放置，最后，对连接线进行焊接。

对焊接的连接线要进行焊接质量的检查，并对过长的连接线进行剪切处理，以防引脚间发生短路。

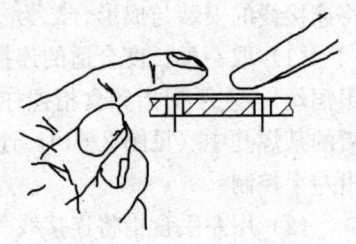

图 2—5　连接线安装步骤 5

现在有些企业已把连接线的间距要求统一规范和标准化,所以这些企业就能实现用机器设备对连接线进行统一成形,从而使连接线、引脚间距统一以及连接线成形后的形状统一。

2. 元器件引脚成形

(1) 元器件引脚成形种类

元器件的原始安装形式式分为立式安装和卧式安装两种。为了适应印制电路板的安装需要,将元器件的引脚进行成形,以改变元器件的原始安装形式,这种技能叫元器件引脚成形技能。

将元器件引脚进行成形后,形成立式和卧式两种外形。这两种后期安装形式,是通过将原始的立式元器件或是卧式元器件进行成形后而产生的。

如对原始的立式元器件进行立式安装,则无须进行引脚的成形,因为原始的立式元器件具有立式安装功能。如需要将立式元件进行卧式安装,则必须将其进行引脚成形(见图2—6)。

如对原始的卧式元器件进行卧式安装,则无须进行引脚的成形,因为原始的卧式元器件就具有卧式安装功能。如需要将卧式元件进行立式安装,则必须对其进行引脚成形(见图2—6)。

其他外形的元器件的成形可参照图2—6所示进行。

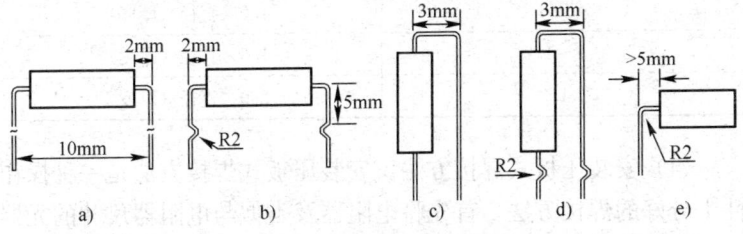

图2—6 元器件成形示意图
a) 卧式元件的普通卧式成形 b) 卧式元件的架空卧式成形 c) 立式元件的普通立式成形 d) 立式元件的架空立式成形 e) 立式元件的卧式成形

对元器件引脚成形的工具有金属镊子、尖嘴钳等。

(2) 元器件成形的注意事项

1) 成形时,不能损坏元器件。

2）成形时，不能碰掉元器件上的标志，如字符、色环等。

3）成形时，不能损伤元器件引脚上的焊接涂层，如涂银层、涂锡层、涂金层等。

（3）元器件成形要求。元器件引脚的延伸部分尽量与元器件本体的中轴平行。安装在焊孔中的元器件引脚应尽量与板面垂直，以使元器件得到足够的压力释放要求。

1）引脚弯曲长度要求。引脚弯曲处与引脚根部间的距离"H"应大于 0.8 mm 为合格，如小于 0.8 mm 为不合格（见图 2—7）。

2）元器件弯曲弧度要求。元器件成形时的弯曲弧度，根据元器件引脚的直径而定（见图 2—8 及表 2—1）。

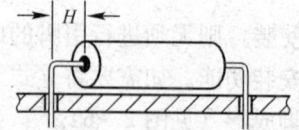 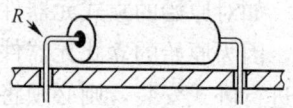

图 2—7 引脚弯曲长度示意图　　图 2—8 引脚弯曲弧度示意图

表 2—1　　元器件引脚内侧的弯曲弧度要求

元器件引脚的直径或厚度（mm）	引脚内侧的弯曲半径 R（mm）
<0.8	1.0×直径（厚度）
0.8～1.2	1.5×直径（厚度）
>1.2	2.0×直径（厚度）

（4）安装压板式焊接方法。安装压板式焊接方法是一种操作性十分好的焊接方法。首先将电阻器及类似与电阻器尺寸的元器件（如二极管等）插入电路板上，用安装压板对合在电路板上，然后用夹子将安装压板与印制电路板夹紧，再将印制电路板翻过来（焊接面朝上）放置，最后对电阻器进行焊接。

安装压板采用塑材板或旧的电路板作为基板，然后在基板上铺上 1 cm 厚的海绵，再包上棉质布材，一块自制的安装压板就制作成功了。

电子元器件引脚成形技能考核及评分标准

考核内容
1. 3 min 成形两种卧式形状电阻器各 5 只,为 50 分。
2. 2 min 成形两种立式形状电阻器各 5 只,为 50 分。

考核方法
1. 老师提供考核的元器件,并掌握考核时间。
2. 学生自带考核工具。

评分标准
碰掉元器件上的标志,如字符、色环等,1 只扣 10 分。

练习

1. 阐述元器件成形的作用,元器件成形有哪些类型?
2. 元器件的成形方法有哪些?
3. 进行元器件成形时,有哪些注意事项?

模块二 元器件的插装技能

元器件的插装技能是电子装配工的基本技能。

1. 插装与插装技能

插装就是把各种元器件根据印制电路板的装配要求,插到印制电路板指定的位置、指定的焊孔中。稳、准、快、好的插装方法就是插装技能。

2. 插装技能的基本动作要领

(1) 取元器件。用单手或双手同时从元器件盒中取出元器件,切忌不能拿错或拿后又丢掉。

(2) 插元器件。将元器件迅速、准确地插入指定的焊孔中,并应根据元器件的成形特点,确定其插入的高度(连接线和卧式安装的电阻器应紧贴印制电路板,使元器件成形处紧靠印制电路板;发热元器件应远离印制电路板一定距离,从而使发热元器件架空)。

3. 插装技能要求

取件稳,插件准,速度快,无损坏(不损坏元器件);准中求快,快而不乱。

4. 插装的注意事项

(1) 不能将元器件插错。

(2) 插装时不能用力过大,以免损坏元器件。

(3) 插装时不能碰掉元器件上的标志,如字符、色环等。

(4) 不能把元器件的引脚压弯,以免影响下道工序(焊接工序)的质量。

5. 插装技能的训练方法

(1) 装黄豆训练法。取一只容器,上盖上装一根直径为 $\phi10$ mm、长为 30 mm 的塑料管。训练时,用手将黄豆从塑料管中放入容器中。

训练要求及评分:左、右手同时进行取放,每分钟放入 40 粒为及格;每分钟放入 50 粒为良好;每分钟放入 60 粒为优秀。

(2) 模拟插装训练法。取一块多用电路板,并将其架空 40 mm。架空的方法是用 4 根长 40 mm 的螺钉固定在多用电路板的 4 个角上,或者用 40 mm 左右高的元器件盒的盒盖作为多用电路板的底托。将电阻器成卧式形状成形,其引脚间距为 10 mm。训练时,将电阻器一一插入多用电路板上。

训练要求及评分:左、右手同时插元件,每分钟插入 40 个电阻,每个电阻紧贴电路板,无损坏、损伤电阻器为及格;每分钟插入 50 个电阻,每个电阻紧贴电路板,无损坏、损伤电阻器为良好;每分钟插入 60 个电阻,每个电阻紧贴电路板,无损坏、损伤电阻器为优秀。

(3) 仿真插装训练法。取一块多用电路板,并将其架空 40 mm。取 10 种阻值的电阻器 60 只。

训练要求及评分：60 只电阻分成六排插入，每排 10 只电阻 10 种阻值，并规定 10 种阻值的安排顺序，左、右手同时插入。每分钟插入 40 个电阻，每个电阻紧贴电路板，无损坏、损伤电阻器，阻值排放符合要求为及格；每分钟插入 50 个电阻，每个电阻紧贴电路板，无损坏、损伤电阻器，阻值排放符合要求为良好；每分钟插入 60 个电阻，每个电阻紧贴电路板，无损坏、损伤电阻器，阻值排放符合要求为优秀。

6. 插装技术要求

（1）卧式元器件的卧式插装标准。元器件的两端应与印制电路板平行，以使元器件获得支撑强度。元器件的底部与印制电路板之间的距离"D"为 0.1～1.5 mm 判正确（见图 2—9）；如元器件插装与电路板不平行，如图 2—10 所示，"D"为 1.6～4 mm，仍保持一定的支撑力度，判为可接受插装。

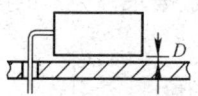 

图 2—9　正确卧式插装　　　图 2—10　可接受卧式插装

如果元器件的底部与印制电路板之间的距离大于 4 mm，已经没有支撑力度，判为不可接受插装（见图 2—11）。

（2）立式元器件的立式插装标准。立式元器件插装时，其引脚的金属部分与印制电路板之间的高度"D"应在 1.5～4 mm 为合格（可接受）。低于 1.5 mm 或高于 4 mm 均为不合格（不可接受），更不能将引脚的端部插入焊孔中而造成虚焊，如图 2—12 所示。

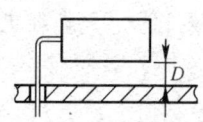 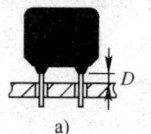 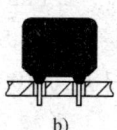

图 2—11　不可接受卧式插装　　　图 2—12　立式插装

　　　　　　　　　　　　　　　　　　a）接受　b）不可接受

(3) 立式元器件的卧式插装标准。立式元器件进行卧式安装时，元器件应尽量靠近印制电路板，以使元器件安装稳固。图 2—13 中"D"在 0.1~1.5 mm 判为正确。

图 2—14 的元器件只有一端贴近印板，尚有一定的支撑强度，为可接受。

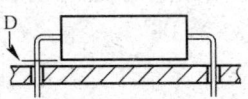 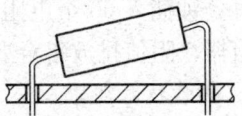

图 2—13　正确的立式元　　图 2—14　可接受立式元
　　　　器件卧式插装　　　　　　　　器件卧式插装

图 2—15a 的元器件本体远离印制电路板 4 mm 以上，为不可接受。

图 2—15b 元器件引脚不符合压力释放要求，为不可接受。

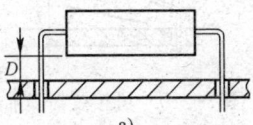 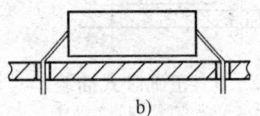

　　　　　a)　　　　　　　　　　　b)

图 2—15　不可接受的立式元器件卧式插装
　　　a) D>4 mm　b) 引脚成形不正确

元器件插装技能考核及评分标准

考核内容

2 min 内插 20 只元器件，符合要求。（电阻器 10 只、无极性电容 5 只、电解电容 3 只、耳机插座 1 只、5 脚继电器 1 只）为 100 分。

考核方法

1. 老师提供考核的元器件，并掌握考核时间。

2. 学生自带考核工具。

评分标准

1. 写出电容器的制成材料、容量、耐压。(60分)

2. 测出电容器的优劣。(40分)

3. 插装不符合要求，每只元器件扣5分。

4. 插装中每压弯一根引脚，扣1分。

5. 碰掉元器件上的标志，如字符、色环等，一只元器件扣10分。

练习

1. 元器件插装有哪些技术要求？
2. 元器件插装时，应注意哪些事项？

模块三　导线的加工技能

每个电子产品都会使用到绝缘导线，以便通过绝缘导线中的芯线，将电路中的某些元器件进行连接，从而使之符合电子产品电路的设计要求。所以，对绝缘导线的加工技能，是一项电子专业的基础技能，也是装配工需要掌握的工作技能。

一、导线加工工具

1. 剥线钳。剥线钳是导线加工的专业工具。每个剥线钳都有几个剥口，可以适应粗细不同的几种导线的加工需要。

使用时，应根据被加工导线中芯线的粗细，合理选择剥口。如果剥口选择偏小，则剥线时就会损伤芯线；如剥口选择偏大，则无法剥离导线绝缘层。

2. 剪刀。剪刀也是一种导线的加工工具，是导线剪裁的必备工具。剪刀除具有对导线的剪裁功能以外，还能实施对导线的剥头。在学校、在家电修理中，剪刀是使用十分频繁的一种工具。因为它价格低廉，取之方便。

使用剪刀对导线进行剪裁时，剪切要果断，用力要均匀。由于剪刀的刀口钢性有限，所以不适合剪切较粗的导线。使用剪刀对导线进行剥头时，应选用剪刀的中、后部进行剪切，这样能较好地控制剪刀的合力，提高剥头效率。剪刀剥头中，刀口只能切入导线的绝缘层，而不能伤及芯线或切断芯线。

3. 尖嘴钳。尖嘴钳上有一个切口，能用来进行导线加工。由于尖嘴钳的切口不太锋利，所以比较适合对单根粗芯线的导线进行加工，而不太适合加工细导线或多芯导线。

4. 斜口钳。斜口钳上有一个切口，也可以用来对导线进行剪裁和剥头，但不太适合细导线的剪裁和剥头。

二、绝缘导线加工的步骤及方法

1. 剪裁。根据连接线的长度要求，将导线剪裁成适当的长度。剪裁时，要将导线拉直再剪，以免造成线材的浪费。

2. 剥头。将绝缘导线去掉一段绝缘层而露出芯线的过程叫剥头。剥头时，要根据安装要求选择合适的剥点长度。剥头过长会造成线材浪费，而剥头过短又不能使用。

3. 捻头。将剥头后剥出的多股松散的芯线进行捻合的过程叫捻头。捻头时，应用拇指和食指对其顺时针或逆时针方向进行捻合，并要使捻合后的芯线与导线平行，以方便安装。捻头时，应注意不能损伤芯线。

4. 涂锡（搪锡）。将捻合后的芯线用焊锡丝或松香加焊锡进行上锡处理叫涂锡。芯线涂锡后，可以提高芯线的强度，更好地适应安装要求，可减少焊接时间，保护焊盘焊点。

三、绝缘导线加工的技术要求

1. 不能损伤或剥断芯线。
2. 芯线捻合要又紧又直。
3. 芯线镀锡后，表面要光滑、无毛刺、无污物。
4. 不能烫伤绝缘导线的绝缘层。

导线加工技能考核及评分标准

考核内容

10 min 内进行绝缘导线剥头 20 个（剥头长为 10 mm 5 个，剥头长为 5 mm 5 个，剥头长为 3 mm 5 个，剥头长为 2 mm 5 个），达到技术要求得 100 分。

考核方法

1. 老师提供考核元器件，并掌握考核时间。
2. 学生自带考核工具。

评分标准

1. 剥伤剥断芯线，每个头扣 1 分。
2. 捻合不紧、不直，每个头扣 1 分。
3. 涂锡不光滑、有毛刺、有污物，每个焊头扣 1 分。
4. 烫伤绝缘导线的绝缘层，每个焊头扣 1 分。

练习

1. 加工导线有哪些工具？
2. 导线的加工有哪些步骤？
3. 导线加工的技术要求是什么？
4. 加工导线有哪些注意事项？

单元总考核

考核内容

1. 5 min 内成形卧式、立式形状的电阻器各 5 只，为 30 分。
2. 2 min 内插件 20 只（电阻器 10 只、无极性电容器 5 只、电解电容器 3 只、耳机插座 1 只、五脚继电器 1 只），为 50 分。

3. 完成绝缘导线的剥头加工 10 个（10 mm 头 4 个，5 mm 头 3 个，3 mm 头 3 个），为 20 分。

考核方法

1. 学生自带工具。
2. 老师提供元器件，并掌握考核时间。
3. 当场考核当场评分。

评分标准

1. 成形或插件不符合要求，每个元器件扣 5 分。
2. 碰掉元器件上的标志，如字符、色环等，每个元器件扣 5 分。
3. 碰伤元器件引脚上的涂层，每个元器件扣 5 分。
4. 插件错误，每个引脚扣 5 分。
5. 涂锡不光滑、有毛刺、有污物，每个头扣 1 分。
6. 烫伤绝缘导线的绝缘层，每个扣 1 分。

第三单元　电子元器件的焊接与拆焊技能

培训目标：
1. 适应企业生产中对元器件的焊接技术要求。
2. 适应企业生产中对元器件的拆焊技术要求。
3. 掌握焊接工具的维护和修理技能。

培训要求：
1. 掌握元器件的焊接技术和焊接标准。
2. 掌握元器件引脚的剪切技术和剪切标准。
3. 掌握元器件的拆焊技能。
4. 了解和正确使用焊剂及焊料。

模块一　元器件的焊接技能

焊接技能是电子装接工的基本技能。

一、焊接与焊接种类

1. 焊接

用专用工具将元器件的引线（引脚）与印制线路板上的焊盘通过焊锡将它们相连接的过程叫焊接。经过焊接的焊点既能固定元器件（防止元器件松动），又能使元器件与焊盘的电位相同而形成导电效应。

2. 焊接种类

焊接种类分手工焊接和机器焊接两种。

（1）手工焊接又叫人工焊接，是一种最普通的焊接方法。手工焊接的焊接工具是烙铁。用电加热的烙铁叫电烙铁；用炉火加热的烙铁叫火烙铁；如用气体燃烧后而达到加热目的的烙铁叫气体烙铁。

手工焊接时，利用烙铁的烙铁头的热能对元器件、焊盘及焊锡同时加热，使焊锡形成流动的液态状，并使液态状的焊锡迅速包围元器件的引线并沾满整个焊盘；待焊锡冷却后，使元器件及焊盘在焊锡的作用下形成一个圆形固体状。

（2）机器焊接是一种用专业的焊接工具、焊接方法而形成的焊接形式。机器焊接需要专业的设备和较高的投资，但具有焊接质量好，焊接速度快，便于大批量生产等优点而被企业广泛使用。

二、手工焊接技能

1. 常用的焊接工具——电烙铁

电烙铁是手工焊接的专用工具。电烙铁中分外热式电烙铁和内热式电烙铁两种。它们都由烙铁柄、烙铁身、烙铁芯、烙铁头等部件组成。两种烙铁的区别在于烙铁头在电烙铁中所处的位置不同。外热式电烙铁的烙铁头安装在烙铁芯内，即烙铁芯包在烙铁头的外面，热效率较低；内热式电烙铁的烙铁头是包在烙铁芯的外面，即烙铁芯在烙铁头的里面，所以热效率比较高。内热式电烙铁结构示意图如图 3—1 所示。

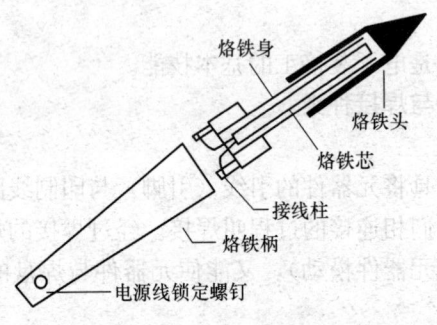

图 3—1　内热式电烙铁结构示意图

2. 烙铁的作用

对焊料（焊锡）加热，并使其形成流动的液态状，使液态状的焊锡迅速包围元器件的引线并沾满整个焊盘。

3. 使用电烙铁的注意事项

(1) 使用前应检查电烙铁的绝缘性能和完好程度。绝缘性能检查时，用万用表 R×1 k 挡，分别测量烙铁头与电源插头两个插片间的直流电阻值，应为无穷大；检查烙铁芯的直流电阻值，20 W 烙铁芯为 2 kΩ 左右，35 W 烙铁芯为 1.3 kΩ 左右。

(2) 检查电烙铁电源线、插头有无破损或损坏，如有发现应及时更换。

(3) 对烙铁头进行上锡，以提高焊接质量。如果烙铁头无法涂锡或烙铁头已氧化，可用锉刀进行修整。

(4) 平时或是烙铁加热后，不能拿它随意摆弄，以防烫伤及触电。

4. 电烙铁的检修技能

以内热式电烙铁为例，介绍其检修技能。

(1) 用螺钉旋具拧下烙铁柄上部的电源线锁定塑料螺钉，轻轻拧下电烙铁绝缘手柄。

(2) 拧松两只铜接线柱上的螺母，取下已损坏的烙铁芯。

(3) 装上经过万用表测量过的好的烙铁芯，装上电源连接线，拧紧两只铜接线柱上的螺母。

(4) 用万用表测量两只接线柱，以判断烙铁芯装上后是否完好，并判断电源线不短路。同时，还要测量电烙铁的绝缘性能：将万用表置 R×10k 挡，一个表笔触紧烙铁头，另一个表笔分别接两只接线柱，万用表阻值应为∞。

(5) 拧上电烙铁绝缘手柄，拧好电源线锁定螺钉。

(6) 用万用表再次测量电烙铁的绝缘性能和烙铁芯的直流电阻值。

5. 烙铁头的修整技能

电烙铁的烙铁头是用纯铜材料制成的。当电烙铁使用结束，烙铁头上的热量散净后，烙铁头外层表面就会发生脱落。同时烙铁头在使用中会产生氧化，使烙铁头存锡面变得不平整，焊接面的小圆弧也变成了尖角，这就很容易在焊接中将焊盘拉坏。所以，电烙铁在使用过程中，应经常检查烙铁头，并及时对其进行修整，使烙铁头保持良好状态。

烙铁头的修整工具为平面锉，具体操作方法如下：将电烙铁断开交流电源并待其冷却后，将电烙铁的烙铁头部分摆放在某一物体上，存锡面向上。用平面锉将存锡面锉平，再用平面锉将焊接面锉成小圆弧，如图 3—2 所示。烙铁头修整结束，将电烙铁插上电源，待烙铁加热后给烙铁头及时上锡。至此，烙铁头的修整就完成了。

6. 电烙铁的焊接方法

将电烙铁搁在烙铁架上，然后将电烙铁电源插头插入 220 V 交流电源。待烙铁头温度升高到可以熔化焊锡后即可使用。左手拿焊锡，右手握烙铁（握烙铁的姿势一般与握笔姿势相仿），具体焊接步骤如下：

（1）将烙铁头与电路板成 45°（见图 3—3），对元器件引脚、印制电路板焊盘同时加热。

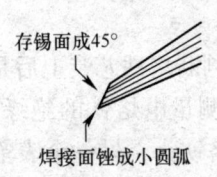
图 3—2　烙铁头修整示意图

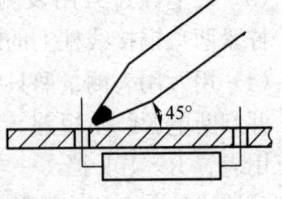
图 3—3　手工焊接示意图

（2）再将焊锡丝也对准烙铁头使其被熔化，直至液态锡流动而包围引脚、沾满焊盘后，迅速停止加锡。

（3）将烙铁头成 45°迅速撤离焊点。

（4）继续保持不移动元器件或电路板，以防元器件引脚在焊锡未完全凝固之前，在焊点中造成松动而造成焊点虚焊。

（5）为了使焊点能迅速凝固，可对着焊点进行吹气，待焊点的焊锡凝固后，焊接即告完成。

三、焊接技能的技术要求

1. 焊点外形要求

（1）焊点光滑、无毛刺。

（2）焊点的大小适中，一致性好（见图3—4）。如果元器件较大，可适当增大焊点，则在撤离烙铁时的烙铁角度小一些；如需要焊点小一些，则在撤离烙铁时的烙铁角度应大一些。

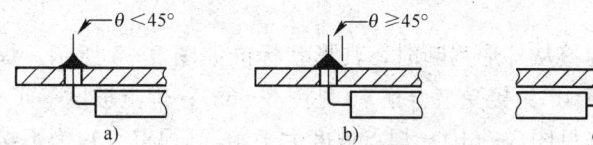

图3—4　焊接质量示意图
a）焊点好　b）焊点较好　c）焊点差

（3）焊接中不能把元器件引脚压弯，应使元器件引脚在焊锡中仍保持垂直，以方便元器件在检修中能进行顺利的拆焊。

2. 手工焊接的实用标准

（1）焊点表层总体呈现光滑，与焊接零件有良好润湿。部件的轮廓容易分辨，焊接部件的焊点有顺畅连接边缘，表面形状呈凹状，如图3—5所示。

（2）可接受焊点。焊点必须是当焊锡与待焊表面形成一个小于或等于45°的连接角时，能明确表现出浸润和黏附，如图3—6所示。

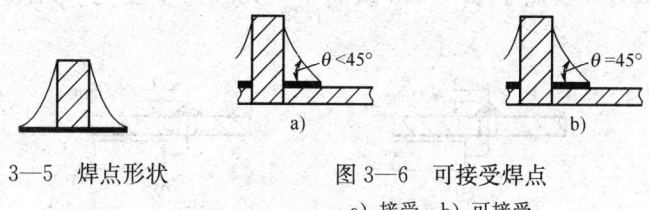

图3—5　焊点形状　　　　图3—6　可接受焊点
　　　　　　　　　　　　　　a）接受　b）可接受

（3）不接受焊点。焊点焊锡量过多，使焊锡蔓延出焊盘，或使焊锡蔓延至助焊层，如图3—7所示。

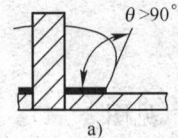 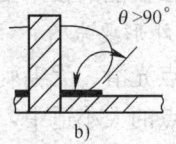

图 3—7 不接受焊点
a)焊锡过多 b)未填满焊盘

手工焊接从外形判断时,其形状标准如图 3—5 所示。焊点的坡度小于 45°为接受(合格)(见图 3—6a);焊点坡度等于 45°为可接受(见图 3—6b);焊点坡度大于 45°(焊点大)为不接受(见图 3—7a);焊点坡度大于 45°,且焊锡未焊满焊盘底部为不接受(见图 3—7b)。

3. 焊接的技术要求

(1) 焊点无空洞区域表面瑕疵。
(2) 引脚和焊盘润湿良好。
(3) 引脚形状可辨识。
(4) 引脚周围 100%有焊锡覆盖。
(5) 焊锡覆盖引脚,在焊盘或导线上有薄而顺畅的边缘。
(6) 焊锡不能接触元器件引脚弯曲处或元器件本体。

四、元器件引脚的剪切要求

元器件引脚剪切后,其露出焊点的高度"D"为 0.5~1 mm,高度低于 0.5 mm 或高于 1 mm 为不接受,如图 3—8 所示。

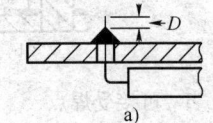 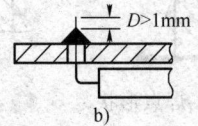

图 3—8 引脚高度示意图
a)接受 b)不接受

五、焊料与焊剂的选用

正确选用焊料与焊剂是保证焊接质量的重要因素，也是装配工应具备的基本知识。

1. 焊料的选用

要使焊接有良好的效果，必须正确选用与焊接要求相适合的焊料。选择焊料的主要依据是：

（1）依据被焊接物的焊接性能选择焊料。焊接性能是指焊接物表面的可焊性。也就是被焊接金属在适当的温度和焊剂的作用下，与焊料形成良好的合金性能。不同的被焊接金属应选用不同的焊料。

（2）依据焊接工具的温度的高低，选择不同熔点的焊料。如果焊接温度高，而焊料的熔点温度低，则焊点表现为无光泽；如焊接温度低，而焊料的熔点温度高，则会增加焊接时间，还会造成虚焊现象。

（3）依据焊点的力学性能选择焊料。如在印制电路板上进行焊接，则焊点的力学性能要求就低一些。如果是焊片与连接导线的焊接，则焊点要承受一定的拉力，其焊点的力学性能就要高一些。

通常使用的焊料一般都为锡铅焊料。手工焊接、印制电路板上的焊接、耐热性能较低的元器件和易熔金属制品，应选用 39 锡铅焊料（HISnPb39）。这种焊料熔点低、焊接强度高、焊料的熔化与凝固时间短，有利于缩短焊接时间，提高焊接质量。也可以选择 58—2 锡铅焊料（HISnPb58—2），这种焊料成本较低，也能满足一般焊点的焊接需要。

2. 焊剂的选用

焊剂就是一种去污剂，它在焊接过程中能及时的去除被焊接金属表面的氧化层，起到辅助焊接的作用。焊剂选用合适与否，直接关系到焊接质量的好坏和被焊金属的使用寿命，以及对生产环境的影响等。焊剂的选用主要根据被焊金属的焊接性能而定。

（1）如对一些焊接性能较好的金、银、铜等金属进行焊接，则可以选用对金属材料腐蚀力较弱的松香焊剂。为了焊接方便，可以选用松香焊锡丝，常用的松香焊锡丝 HISnPb39 就适用于此类金属材料的焊接。电子产品的印制电路板是用敷铜板制成的，印制电路板的焊盘又是铜质材料，而且元器件的引脚也都是铜质材料或是易焊接合金，可以选用 HISnPb39 松香焊锡丝。

（2）如对一些焊接性能较差的铅、黄铜等金属进行焊接，应选用中性焊剂，或是选用活性焊锡丝。在活性焊锡丝中就含有盐酸二乙胺与松香混合物，焊接该类金属效果比较好。但焊接后，必须及时清洁焊点的周围，以防受到焊剂的腐蚀而损坏元器件。

六、焊接技能训练方法

1. 焊接注意事项

印制电路板是用某种黏合剂把铜箔压粘在绝缘板上而制成。绝缘板的材料有环氧玻璃布板和酚醛绝缘纸板。

在用电烙铁对环氧玻璃布绝缘板的印制电路板进行焊接时，其焊接的允许温度通常为 140℃ 左右，而 20 W 内热式电烙铁的烙铁头温度一般为 230℃ 左右，远高于印制电路板的允许温度；而且铜箔的膨胀系数与绝缘板的膨胀系数也不同。当焊接温度过高、时间过长都会引起印制线路（铜箔）的剥落，即铜箔与绝缘板之间脱胶现象，严重的还会引起印制电路板气泡和变形。所以，在对印制电路板进行手工焊接过程中，要注意以下几个方面：

（1）要时刻保持烙铁头的清洁，以便使烙铁头的温度能迅速地传给被焊金属，从而减少焊接时间，提高焊接质量。

（2）要确保烙铁头焊接面平滑，以防焊接中刮伤焊盘。

（3）焊接时要使烙铁头确实紧靠元器件的引脚和焊盘，以便使被焊接金属均能同时受热加温。

（4）上锡时，焊锡丝要对着烙铁头，以便使焊锡丝能迅速地熔化而包围元器件的引脚，并沾满整个焊盘。

(5) 如果第一次焊接不太满意而需要修理焊点时，也要对同一焊点的焊接有一片刻的间隔，而使该焊点有一个降温过程，不致温度过高。

2. 具体训练方法

选用废旧的印制电路板进行练习，并以安装连接线作为基本训练方式。

(1) 一次安装 20 根连接线，焊接 40 个焊点，作为一次体会练习。

(2) 再安装 20 根连接线，焊接 40 个焊点。第二次的焊接时间应比第一次时间短，而且焊接质量也应有较大的进步。

(3) 第三次安装 40 根连接线，焊接 80 个焊点。这次的焊点的焊接形状一致性要达到 50%，焊点的一次成功率要在 80% 以上。

(4) 拆除所有焊点，修理焊盘，清理焊孔（参见"拆焊技能训练"章节内容）。以便于再次进行焊接训练。

3. 多用电路板的焊接技能训练

印制电路板上的焊盘有大有小，这些大小不一的焊盘，是根据所安装元器件的外形大小而设定的。通常焊盘的外径在 $\phi 3$ mm 以上，所以作为第一次焊接的练习内容较为合适。而且，废旧的印制电路板取材方便，费用低廉。

多用电路板也是用敷铜板制成的一种电路板，只是它没有具体的印制电路，只有一个一个的焊盘。多用电路板的每个焊盘直径一般只有 $\phi 2.5$ mm 左右，有的多用电路板的焊盘直径只有 $\phi 2$ mm。这样小的焊盘，对练习焊接技能，提高焊接水平是十分有好处的。

焊接方法可参考"印制电路板的练习方法"进行训练。

七、贴片元器件的焊接技能

1. 焊接工具

贴片元器件由于体积小，所以不能使用普通电烙铁，特别不能使用普通的烙铁头来焊接贴片元器件。

适合焊接贴片元器件的烙铁头是尖头形烙铁头，或者是 $\phi 1$ mm 以下的斜口烙铁头，或者是刀头形烙铁头。图 3—9 所示是 3 种适合焊接贴片元器件的烙铁头形状。图 3—10 所示是 T12 烙铁芯（头）外形及电烙铁实物示意图，这种电烙铁发热速度很快，通电后 5 s 内就能达到焊接温度，是一款特别适合焊接贴片元器件的焊接工具。

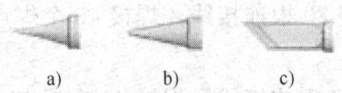

图 3—9　3 种烙铁头示意图
a) I 型　b) B 型　c) K 型

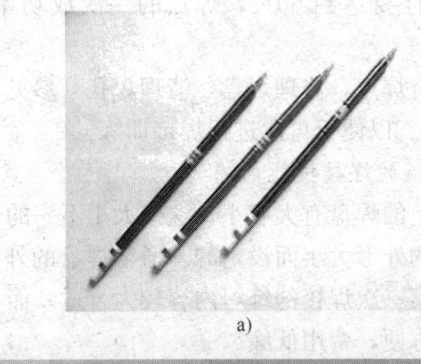

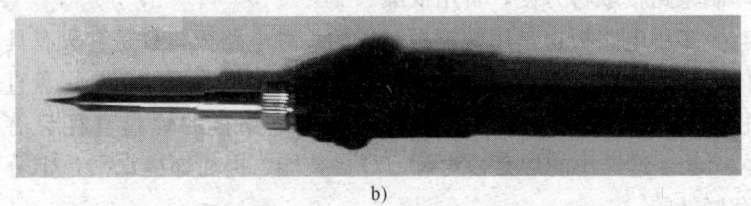

图 3—10　T12 烙铁
a) T12 一体化烙铁芯（头）示意图　b) T12 烙铁手柄示意图

T12 烙铁芯使用的是 24 V 直流电压，所以 T12 电烙铁是由一个烙铁手柄和一个专用控制器组成。专用控制器能对

T12烙铁芯实现温度控制，使烙铁芯的发热温度在200～400℃之间自由调节，使电烙铁适应对多种大小不一的焊点进行焊接。如焊接贴片元器件，烙铁头的温度在260℃比较合适；焊接一般分立元器件，烙铁头的温度控制在320℃为宜；焊接较大的焊点时，烙铁头的温度可以调到360℃左右。而且这种烙铁芯还具有防静电隔离效果，也比较适合焊接集成电路。

2. 贴片元件的焊接技能

(1) 焊接工具。焊接贴片元件，起码要准备一把防静电的尖头镊子（见图3—11）和一把尖头电烙铁，还要准备焊锡和松香，以及清洁烙铁头的钢丝球或清洁棉。

图3—11 防静电尖头镊子实物图

在使用清洁棉前要将其浸湿，并将清洁棉中的水分压干。由于清洁棉中有一定的水分，烙铁头在清洁棉上清洁时会降低烙铁头的温度，所以效果不是最理想的。使用钢丝球对烙铁头进行清洁是比较好的，操作方法如下：

将钢丝球放在烙铁架中（见图3—12），每次烙铁使用完后在放入烙铁架的同时，实际上也就是插入了钢丝球中，从而使烙铁头上的污垢得到及时的清除。当再次使用时，烙铁头会是干净的。

图 3—12　钢丝球清洁法实物图

(2) 贴片元器件的焊接步骤和方法

1) 如使用调温电烙铁,将烙铁温度调节在 260℃左右。如使用普通电烙铁,应选功率在 15~20 W 的电烙铁。

2) 检查焊盘,如果有氧化现象,应对焊盘预先上锡,以减少焊接时间,提高焊接质量。

3) 用防静电尖头镊子夹持贴片元器件,将贴片元器件置于电路板的焊接位置,元器件与焊盘要对齐,要保证元器件的放置方向正确。

4) 将烙铁头在松香中清洁,并上少许焊锡。

5) 将贴片元器件的一端电极与焊盘焊接,然后再将贴片元器件的另一个电极与另一个焊盘进行焊接。

(3) 贴片元器件焊接中的注意事项

1) 焊接贴片元器件时,烙铁头上的焊锡不能多。

2) 焊接时,采用从上至下的拉焊方式,可以得到元器件焊接面与电路板焊盘成 45°的优质的焊接质量。

3) 焊接时间不能超过 3 s,以防止元器件损坏。

4) 如果发现焊接不理想,应间隔数秒后再进行修焊。修焊时要先擦干净烙铁头上的焊锡,并使烙铁头保持上锡良好和清洁。

焊接技能考核及评分标准

考核内容

1. 1 min 完成焊点 40 个（焊盘外径不小于 2.5 mm），为 100 分。

2. 10 min 内焊接 20 只电阻器（包括 5 只贴片电阻器），为 100 分。

考核方法

1. 老师提供考核元器件，并掌握考核时间。
2. 学生自带考核工具。

评分标准

1. 在规定时间内完成考核内容，焊点光滑无毛刺，无虚焊、漏焊现象，焊点一致率达到 90%，焊点符合 IPC610 标准，为 100 分。
2. 焊点形状不符合要求，每个焊点扣 2.5 分。
3. 有虚焊、漏焊现象，每个焊点扣 2.5 分。
4. 碰掉元器件上的标志，如字符、色环等，每个元件扣 10 分。
5. 焊接时每压弯一根引脚扣 0.5 分。

作业

1. 什么叫焊接？
2. 烙铁的作用是什么？
3. 电烙铁由哪些部件组成？
4. 电烙铁使用前有哪些注意事项？
5. 电烙铁的焊接方法有哪些？
6. 焊接中有哪些技术要求？
7. 如何测量电烙铁的绝缘性能？
8. 如何修理电烙铁？

模块二 元器件的机器焊接

元器件的机器焊接通常指的是波峰焊和热熔焊。

一、波峰焊

波峰焊是近年来发展较快的一种焊接方法,其原理是将焊料熔化在容器中,并使焊料产生锡波峰。然后将安装好元器件的印制电路板与容器中的锡峰接触,实现钎焊连接。

波峰焊的最大特点是焊点上无污物。这是因为焊锡的波峰处,处在焊锡中的顶部,而锡渣等一些污物的个体颗粒比较小,在锡峰的作用下而都处在锡容器的边缘四周,所以锡峰上的焊料是比较纯净的。当然,焊接质量还与焊料和焊剂的化学成分、波峰焊的焊接速度、焊锡温度以及焊料的波峰与印制电路板之间的高度有直接影响。随着科学技术的不断发展,这些因素都能得到控制和掌握。所以波峰焊接的焊接质量得到保证,而被许多企业所采用。

波峰焊锡能对一个工作面进行焊接,所以它特别适合企业的大批量生产和单面插装分立元器件的印制电路板使用。目前,企业中大批量生产的电视机、音响等设备中的印制电路板,都是采用的波峰焊的生产工艺。

为了方便生产,通常把波峰焊机安装在装配流水线上,作为流水线的一个组成部分。同样,将波峰焊机的管理作为装配生产流水线管理中的一项内容,从而也进一步提高了波峰焊接的焊接水平。

波峰焊装配生产流水线的生产流程为:印制电路板上装插元器件→印制电路板上夹具→预热→喷涂助焊剂→波峰焊接→焊后的印制电路板降温(吹风)→剪切引脚→印制电路板下夹具→检查焊接质量(进行手工补焊)。

波峰焊装配生产中要注意以下几个方面问题:

1. 波峰高度

波峰高度是指有效锡波峰的表面高度,一般使其达到印制电路板厚度的 1/2～2/3 为宜。波峰过高会造成焊接点拉尖、堆锡太多,也会使锡溢在印制电路板上烫伤元器件;波峰过低会造成漏焊和挂锡。

2. 焊接温度

波峰焊的焊接温度是指焊处与熔化的焊料相接触处的温度。温度过低,会使焊接点毛糙、无光亮,也容易造成虚焊和焊点拉尖;温度过高,易使印制电路板变形、元器件损坏等。当使用 HISnPb39 焊料,在对酚醛基板材料的印制电路板进行波峰焊时,温度以 230～240℃为宜;在对环氧板材料的印制电路板进行波峰焊时,温度以 240～260℃为宜。

3. 印制电路板的预热

为了减少冷印制电路板对热波峰锡的冷吸附作用而造成焊点连焊,加快焊剂活化。因此,印制电路板在到达波峰焊接之前,应对其进行预热。预热时间为 30～40 s,预热温度为 70～90℃。

4. 焊后的印制电路板降温

焊后降温是为了减少印制电路板的受热时间,防止印制电路板长时间高温而变形,减少高温对元器件的影响。降温的方法一般采用风冷降温。

要达到预想的焊接质量,在生产过程中应进行多次的实验和调试,使焊锡温度、焊接速度、预热时间、焊料和焊剂之间得到一个合适的匹配。

二、热熔焊

热熔焊是一种适合片状电子元器件与印制电路板贴装后的焊接工艺。其焊接过程就是将贴装元器件处的焊膏熔化,并通过焊膏熔化后形成的焊锡将元器件与印制电路板进行连接,达到焊接目的。目前,应用较为广泛的焊接方法有红外热熔焊、汽相热熔焊两种工艺。

热熔焊的焊接工艺流程为:印制电路板上夹具──→给印

制电路板上安装元器件处加焊膏──→装贴元器件并压紧──→预热印制电路板──→热熔焊──→印制电路板降温──→焊接检验及补焊。

1. 红外热熔焊

(1) 红外热熔焊的工艺特点

红外热熔焊工艺是采用红外线辐射为热源,以热辐射的对流形式,对印制电路板上的焊膏进行均匀的加热使其熔化,实现元器件与印制电路板之间的焊锡连接。热熔焊的焊接处焊锡流动均匀,焊接效果比较好,焊接形状也比较美观。

(2) 红外热熔焊的焊接条件

1) 使用与红外热熔焊工艺相适应的焊膏。

2) 焊接中,印制电路板的整体预热温度在 100~200℃。预热时间与预热温度有直接关系,通常为 20~40 s。

3) 红外热熔焊的焊接温度为 210~230℃。

4) 焊接时间与印制电路板材料的耐热性能及元器件耐热性能有直接关系,一般为 30~60 s。

2. 汽相热熔焊工艺

(1) 汽相热熔焊的工艺特点

汽相热熔焊的热源,是采用特殊化学液体使其汽化后,产生的温度高而又均匀的过饱和蒸气作为焊接热源。蒸气热源的加热是属于热传导加热形式,其焊接效果也是比较理想的。

(2) 汽相热熔焊的焊接条件

1) 使用与汽相热熔焊工艺相适应的焊膏。

2) 焊接中,印制电路板的整体预热温度在 90~100℃。预热时间与预热温度有直接关系,通常为 20~40 s。

3) 汽相热熔焊的焊接温度为 205~215℃。

4) 焊接时间为 30~60 s。因为焊接时间与印制电路板材料的耐热性能及元器件耐热性能有直接关系,所以焊接的具体时间应由试验而定。

适用SMD贴片元器件焊接的焊接工艺除了热熔焊以外，还有一种回流焊焊接工艺。在装配生产工艺中，通常也将回流焊机安排在装配生产上，以便于生产管理和质量管理。

模块三　元器件的拆焊技能

元器件拆焊技能是在进行整机调试或修理中常用到的一项技能。

一、拆焊

拆焊就是用电烙铁将元器件从印制电路板上取下来。例如，工作在装配流水线的总检工序时，当发现前面的工序把元器件装错，就得用拆焊技术将错件拆下，重新换上正确的元器件。又如，在总调试工序，当发现元器件由于波峰焊接或调试中损坏时，就得用拆焊技术将损坏元器件拆下。如果以后工作在电子维修岗位，那拆焊技能是必不可少的。

二、拆焊技能的技术要求

1. 不能损坏被拆元器件以及元器件的标注字符。
2. 不能损坏被拆元器件的焊盘。
3. 清理元器件引脚上的焊锡。
4. 清理焊盘。
5. 清理焊孔。

三、拆焊的注意事项

1. 使用夹持力较大的镊子，如医用专用镊子等。
2. 拆焊时，不要烫坏其他元器件。
3. 焊锡未熔化前，不要硬拉动元器件，以防损坏元器件。

四、拆焊方法

1. 镊子拆焊法

（1）左手用镊子夹住元器件，做好将元器件向元器件面拉出的准备，并压住印制电路板。

(2)用烙铁头对焊点加热,待焊锡熔化后,用左手的镊子将元器件轻轻拉出(见图3—13)。

(3)用烙铁头清理印制电路板焊孔和焊盘,作好再次焊接的准备。清理焊孔可用尖头状的金属物或采用牙签,都能收到较好的清孔效果。

2. 吸锡器拆焊法

吸锡器是一种专用吸锡工具,能使对元器件的拆焊过程变得又快又好(见图3—14)。

(1)将电路板的焊接面向上放置。

(2)将吸锡器气阀按钮压下。

(3)将吸锡器吸嘴口对准焊点,再用烙铁头对着焊点加热,待焊锡熔化后,压下气阀按钮,液态锡就会被吸锡器吸进吸管中。

如果需要清理吸管中的锡渣,只要按几次气阀按钮即可。

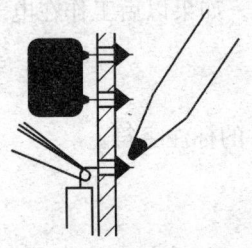 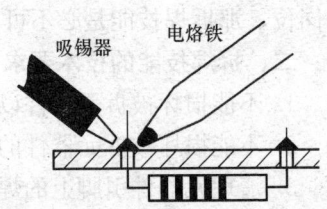

图3—13 镊子拆焊法示意图　　图3—14 吸锡器拆焊法示意图

3. 贴片元器件的拆焊方法

(1)拆焊工具

1)使用尖头小功率电烙铁,以免在拆焊中损坏被拆元器件。为了在拆焊中,防止感应电的影响或损坏其他元器件,最好使用具有防静电功能的电烙铁,如936型电烙铁等。

2)使用防静电的尖头镊子,提高拆焊效果和质量。

3)拆焊多引脚的贴片元器件,如使用电烙铁来拆焊是很困难的,因为尖头电烙铁的烙铁头对元器件的加热面很小,无法同时对元器件的多个引脚进行加热。这时,可以采用热风枪拆焊台来进行拆焊,能收到很好的拆焊元件的效果。热风枪拆焊台如图3—15所示。

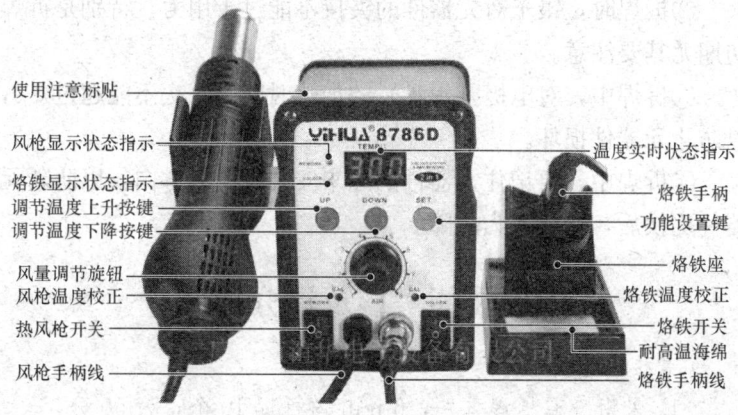

图 3—15 热风枪拆焊台

热风枪拆焊台的型号较多,可以根据各自不同的需要进行选择。图3—15所示的热风枪拆焊台,有一把烙铁手柄,可以作为烙铁使用,其使用效果相当于936型电烙铁。该设备还有一把热风枪手柄,便于拆焊贴片元件,特别方便拆焊各种贴片式集成电路,是维修小型电子产品不可缺少的工具。

(2) 贴片元器件的拆焊

1) 贴片元器件的拆焊步骤和方法

①最好使用防静电的电烙铁,将烙铁温度调节在260℃左右。

②将烙铁头在松香中清洁,但不要上锡。

③用防静电尖头镊子夹持贴片元器件,然后用电烙铁对贴片元器件的2个电极(如电阻器、电容器、二极管等)或3个电极(如三极管等)轮流进行加热。注意,每次对某个电极加热不能超过3 s。数秒钟后,元器件就会出现松动,直至将元器件从印制电路板上被拆焊。

2）对贴片元器件拆焊时，需注意以下事项

①拆焊贴片元器件时，烙铁头上不能有锡，但烙铁头一定要保持良好和清洁。

②拆焊时，镊子对元器件的夹持不能过于用力，特别是拆焊初期尤其要注意。

③拆焊中，对电极（焊盘）的加热时间，每次不能超过 3 s，以防止元器件损坏。

④拆焊中，要记住元器件的原来安装位置及方向，以防新元器件更换后，造成人为故障。

拆焊技能考核及评分标准

考核内容

1. 采用普通拆焊方法，6 min 内拆焊 10 个，为 50 分。
2. 采用吸锡器拆焊方法，4 min 内拆焊 20 个，为 50 分。

考核方法

1. 老师提供考核元器件，并掌握考核时间。
2. 学生自带考核工具。

评分标准

1. 碰掉元器件上的标志，如字符、色环等，一只元器件扣 5 分。
2. 损坏印制电路板的线路或焊盘，每个扣 10 分。

作业

1. 什么叫拆焊？
2. 拆焊有哪几种？
3. 拆焊技能有哪些技术要求？
4. 拆焊时，有哪些注意事项？
5. 如何用镊子进行拆焊？
6. 如何用吸锡器进行拆焊？

单元总考核

考核内容

1. 对烙铁头进行修整和涂锡。
2. 用电烙铁对各种元器件进行焊接。
3. 在指定的时间内完成指定的焊点数并保证每个焊点的焊接质量。
4. 不损伤元器件、不碰掉元器件的各种标志。
5. 不压弯元器件的引脚。

考核方法

1. 元器件、印制电路板、焊锡丝由老师准备。
2. 学生自带工具。
3. 当场考核当场记分。

考核标准

1. 1 min 完成焊点 40 个,焊点符合要求,为 50 分。
2. 采用普通拆焊方法,6 min 内拆焊 10 个,为 25 分。
3. 采用吸锡器拆焊方法,4 min 内拆焊 20 个,为 25 分。
4. 清除焊点不符合要求,每个焊点扣 1 分。
5. 碰掉元器件上的标志,如字符、色环等,每只扣 5 分。
6. 碰伤元器件引脚上的涂层,每只扣 5 分。
7. 损坏印制电路板的线路或焊盘,每个扣 10 分。

第四单元　电子产品电路的装接实践

培训目标：
1. 了解电子装接工种的前后链接。
2. 掌握电子产品电路的装接步骤。
3. 掌握电子产品电路的装接技能。
4. 掌握电子产品电路装接中的调试技能。

培训要求：
1. 掌握电子产品电路的装接步骤。
2. 掌握电子产品电路的装接技能。
3. 掌握电子产品电路装接中的调试技能。
4. 提高对做好电子装接工作质量的认识。

本单元通过对两个电子产品电路的装接操作实践，分别描述在多用电路板上和在印制电路板（PCB）上的两种不同的装接过程，阐述电子产品电路的装接步骤、装接方法和装接中的调试技能，从而达到熟练掌握装接技能，胜任企业的装接岗位的目的。本单元还通过对电子装接工种前后工序的介绍，提高对装接工序技术要求的理解和质量意识的理解，提高对做好装接工作重要性的认识。

一、装接工种的前后链接

电子产品的生产过程有：元器件采购──→准备工序──→装配工序──→调试工序（单板调试）──→总装工序──→总调工序──→总检工序──→包装工序等。其中，准备工序和调试工序与装接工的技能有着直接的联系。

1. 元器件的采购

元器件的采购是电子产品生产的第一项工作，并与整机产品的质量及生产成本紧密相关。

采购员一般属生产部门管辖,并根据技术部门的元器件清单进行市场采购工作。对采购员的基本要求:

(1) 熟悉各种元器件的性能。
(2) 熟悉各种元器件的市场行情。
(3) 熟练掌握元器件的测量方法。
(4) 与商家的协商能力、营销能力和应变能力。
(5) 以公司为家的主人翁品德。

采购员的职业要求是:克己为公、以厂为家、精打细算。

2. 准备工序

准备工序就是装接前的准备工作或前期工作。准备工序的质量直接影响到装配工序的质量和工作进度。准备工作是一项繁杂而细致的工作。

有些企业的准备工序有独立的生产车间,叫做准备车间。这是因为准备工序有其特殊性,不便于和其他工序合在一起,同时也为了便于更好地进行生产管理和质量考核。准备工序中的内容有以下几项:

(1) 元器件筛选。为了生产优质电子产品,把好元器件的筛选关是十分重要的。元器件的筛选通常作为一个作业组,即筛选组。筛选组的人数根据所需要筛选元器件的种类、数量的多少而定。筛选所用的仪器设备也是根据筛选元器件的要求而定。

对元器件筛选工的基本要求:

1) 掌握元器件的测试仪器,如晶体管特性图示仪等。
2) 熟悉被测元器件的性能指标。

元器件筛选工的职业要求是:轻拿轻放、数量准确、认真负责。

(2) 元器件引脚涂锡。采购的元器件如果其生产日期较长,引脚就会出现不同程度的氧化现象,于是就要对其进行涂锡处理。氧化严重的元器件引脚,还要进行去污处理(即用刀片将氧化层刮掉),再进行涂锡。涂锡处理过的引脚,能有效地提高装配质量,也是对整机质量的第一个质量要求。

对引脚涂锡工的基本要求:

1)熟练掌握涂锡设备的使用。

2)熟悉掌握各种元器件的涂锡要求。

元器件引脚涂锡工的职业要求是:轻拿轻放、吃苦耐劳。

(3)各种导线加工。各种绝缘导线是电子产品中不可缺少的,而导线的加工质量关系到总装工序是否能顺利进行的大问题。

导线加工的步骤为:裁剪导线──→导线的剥头──→导线的捻头──→导线的涂锡──→导线分类及捆扎。

导线加工者的职业要求是:线长精确、吃苦耐劳。

导线加工与元器件引脚涂锡两者有许多共同之处,通常将导线加工与元器件引脚涂锡两个内容合在一起。

3. 装配工序

装配工序的主要内容就是将分立元器件逐个插装在印制电路板上,并将元器件焊接在印制电路板上,从而完成元器件图形符号在电路图上的连接,变成具体元器件在电路中的连接,所以也称为装接工序。

装配工序是整机生产中的一项重要工作,所以企业在生产管理中把这个工序设立成装配车间。装配车间的生产工位有装配焊接工和检验工。

(1)装配焊接工。装配焊接工通常被称做装接工或称装配工,装接工是整机生产厂中人数比较多的一个工种。装接工的工作任务是将分派给自己安装的元器件,准确地装插到印制电路板上,然后用电烙铁将元器件焊接在印制电路板上。同时还要对元器件进行成形,为元器件的装插作好准备。所以,装接工应具备以下技能:

1)掌握元器件的识别技能。

2)掌握元器件引脚的成形技能。

3)掌握电烙铁的焊接技能。

4) 掌握电烙铁的维修技能和烙铁头的修整技能。

装接工的职业要求是：眼明手快、耐心仔细。

(2) 检验工。检验工是装配线上的尾部工位，负责检查装接工的生产质量，记录装接工的生产质量和生产效率。同时，对装接工出现的在允许范围内的漏焊及连焊进行加工。所以，检验工通常又是装配线的管理者。

4. 调试工序

调试工序延续在装配工序之后，作用是对装配后的印制电路板的电气性能进行调试。为了生产的连续性，调试工序通常设立在流水线上，与装配线合为一起。这种调试的形式是对一块印制电路板的调试，所以企业中称其为"单板调试"。对调试工的基本要求如下：

(1) 具备电子装接工的全部技能。

(2) 掌握电子仪器、仪表的使用技能，如能熟练使用示波器、频率计、毫伏表等仪器、仪表。

(3) 熟悉被调试电子产品电路的工作原理。

(4) 熟悉被调试电子产品电路的调试技术指标。

调试工的职业要求是：脑清眼明、认真细心。

调试工还应有很好的与其他工种人员的协作能力，例如，在装配工序中出现的元件的遗漏现象，要及时地给相关人员补上；又如，出现漏焊或连焊现象，要能及时给与纠正。所以，调试工也是一个很被装配工喜欢的工种。

5. 总装工序

将调试好的电路板与整机其他元器件进行电路性能连接的工作，就是由总装工来完成的。为了对整机外形的保护，总装工应戴手套工作。对总装工的基本要求如下：

(1) 熟练掌握电子产品的总装线路图。

(2) 熟练掌握安装工具的使用与平常的保养技能。

(3) 要注意对印制电路板与各元器件的防护，以免造成人为损坏。

总装工的职业要求是：大胆谨慎、轻重合一。

6. 总调工序

总调工序的作用是对总装后的整机进行整机性能的调试，以此检验整机性能。对总调工的基本要求如下：

(1) 熟练掌握整机的性能指标。

(2) 熟练掌握整机调试仪器、仪表的使用。

总调工的职业要求是：头脑清晰，判断灵敏。

7. 总检工序

总检的工作是对整机进行总体检查，如整机的使用性能、整机的外观等。对总调工的基本要求如下：

(1) 熟练掌握整机的性能指标。

(2) 熟练掌握整机的使用方法。

(3) 要有敏锐的判断能力和丰富的工作经验。

总调工的职业要求是：头脑清晰，判断灵敏。

因为总检是一个电子产品的最后一个检测工序，一旦疏忽就可能对用户造成极大的损害。

总检分两步，第一步是在老化前；第二步在老化后。总检过程一定要注意对整机各个方面的保护。

8. 包装工序

包装工作既要有一定气力，因为要不断地搬动整机是很费力的，但又要有细心的态度，因为不能忘了放说明书、合格证等，还要对整机外形随时注意保护，所以包装也是一个很重要的工种。

二、电子产品电路的装接实践

1. 多用电路板的装接实践

如图 4—1 所示，多用电路板是一种能适应多种电子电路连接，并能达到电路正常工作的电路板，也是学习装接技能的一种比较好的仿真工具。经过在多用电路板上的装接训练，可以使训练者的装接技能达到电子装接工的技能标准。

下面以电子装接工中级职业技能考核的一个内容（OTL 功

图 4—1 多用电路板实物

放电路）为实例，阐述该电路在多用电路板上的装接操作实践。图 4—2 所示为 OTL 功放电路在多用电路板上装接后的实物照片。

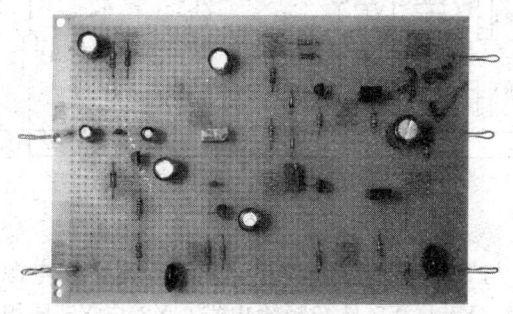

图 4—2 OTL 功放电路在多用电路板上装接后的实物

要高质量的装接一个电子电路，严格的按照装接步骤开展装接工作，并认真分析、周密地思考，都是非常必要的。OTL 功放电路的多用电路板的装接步骤如下：

(1) 熟悉待装接的电路图

1）图 4—3 所示为 OTL 功放电路图，从电路原理分析考虑，可以把电路图看成是由 3 个部分组成：一是以 VT1 为主组成的前置放大级，对 X1 端、X2 端输入的音频信号进行放大，以达到具有较大的电压信号，来推动后级电路正常工作；二是以 VT2～VT4 为主组成的 OTL 放大电路，完成推动放大、自动倒相和对正、负半周音频信号放大的工作；三是以 VT5 和 VT6 为主组成的功率放大电路，对前级输出的较小的音频信号进行功率放大，使整个 OTL 功放电路达到应有的输出功率。

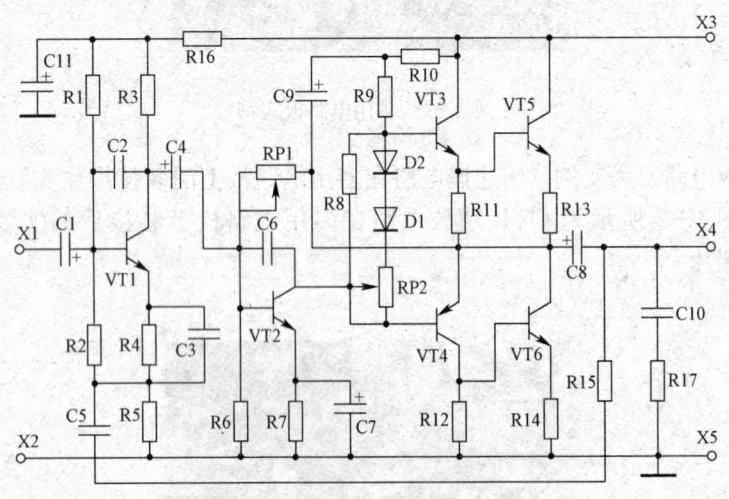

图 4—3 OTL 功放电路图

2）X1 与 X2 是声源输入端，X3、X5 是工作电源的正、负电压输入端，X4 与 X5 是音频输出端。X2 与 X5 是相通的公共地端，但是 X2 是小信号接地端，而 X5 则是大信号接地端，如果 X2 与 X5 接反，会使 OTL 电路出现自激现象。

3）为了保证装接过程的正确性与布线的合理性，结合以往的学习知识，应对 OTL 功放电路的工作原理进行简单的分析。

VT1 是一级低频放大电路，由 VT1、R1～R5、C1～C5、R15、R16 和 C11 组成。交流信号从 X1、X2 两端输入，经 VT1 放大后通过 C4 向后级输出。VT1 组成共发射极放大电路，其输入信号从三极管的基极与发射极两端输入，经 VT1 放大后从集电极与发射极两端输出,发射极是输入、输出的公共端,所以为共发射极放大电路形式。在 VT1 中使用了多种电压负反馈网络,如 R2、R4、R5、C5、R15 等元件。

当基极输入信号增大时,发射极上得到的变化电压比基极上的输入信号电压大很多,这是因为:$I_e = I_b + I_c$。从而使 U_{be}↓(减小)→I_{be}↓→I_c↓→I_e↓,又使 U_{be}↑,从而使 VT1 保持在一定的工作电流范围之中,使 VT1 组成的放大电路工作性能得以稳定。同时,通过 R2 的正反馈作用,即当信号很大时,在 R5 上的电压也会增大,从而使减小了 R2 的下偏置作用,使 VT1 的基极电流有所上升,以迎合了 VT1 在大信号下的放大作用,减小了失真现象的出现。

VT2~VT6 组成自举互补功率放大电路,又由于使用单电源供电,故称为 OTL 功放电路。

VT2 的作用是对 VT1 输出信号进行放大,以满足推动互补放大的需要。C4 将信号送给 VT2,VT2 接成共射极放大。共射极放大的目的一是满足推动互补放大的功率需要;二是使输出端的信号极性与 X1 输入端同相。VT2 的基极偏置取之于末级功放的中点电压,取有较深的电压负反馈特性,使 OTL 放大性能稳定。

VT3、VT4 组成互补放大电路。VT3 为 NPN 型三极管,VT4 为 PNP 三极管。当 VT2 集电极输出正信号时,VT3 为正向导通,从发射极输出信号;而正信号对 VT4 为反相,所以 VT4 截止,无输出信号。当 VT2 集电极输出负信号时,VT4 正向导通,从集电极输出信号;而负信号对 VT3 为反相,所以 VT3 截止,无输出信号。在一个周期中,VT3 和 VT4 轮流导通工作,而输出一个完整的放大信号。这种有选择的对信号进行放大,不要倒相电路就能自动地完成对正或负半周信号放大任务,这是互补放大电路的一大特性。

VT5、VT6 组成末级功率放大电路。VT3 发射极输出的信号推动 VT5 作末级功率放大;VT4 集电极输出的信号推动 VT6

作末级功率放大。最后通过 C8 向扬声器输送，使扬声器得到完整的音频信号。在 VT5、VT6 的发射极都接有电压负反馈电阻，用以对 VT5、VT6 起一定的保护作用和稳定作用。

OTL 功放电路各元器件的作用如下：

R1——VT1 的上偏置电阻。主要决定 VT1 的基极电流。

R2——VT1 的下偏置电阻。可以改变 VT1 的基极电流。

R3——VT1 的集电极电阻。VT1 的输出信号在 R3 上输出。

R4——VT1 的发射极电阻，又起电压负反馈作用。当基极输入信号增大时，发射极上得到的变化电压比基极上的输入信号电压大很多，从而使 $U_{BE}\downarrow$（减小）→$I_{BE}\downarrow$，从而使 VT1 保持在一定的工作电流范围之中。

R4 的存在即稳定了 VT1 的工作性能，但也使 VT1 的放大效率受到一定影响。为了提高 VT1 的放大效率，在电路中增加了电容器 C3。C3 对 VT1 直流工作点没有任何影响，在信号放大时，C3 的作用相当于将 R4 短路，提高了输入信号的强度，从而提高了 VT1 的输出效率。

R5——VT1 的发射极电阻，又起电压负反馈作用。当基极输入信号增大时，发射极上得到的变化电压比基极上的输入信号电压大很多，从而使 $U_{BE}\downarrow$（减小）→$I_{BE}\downarrow$，从而使 VT1 保持在一定的工作电流范围之中。同时通过 R2 还有较小的正反馈作用，即当信号很大时，在 R5 上的电压也会增大，从而使减小了 R2 的下偏置作用，使 VT1 的基极电流有所上升，以迎合了 VT1 在大信号下的放大作用，减小了失真现象的出现。由于 R5 阻值较小，对放大影响很小。

R6——VT2 的下偏置电阻。可以改变 VT2 的基极电流，同时共同影响着 VT2～VT6 三极管的工作电流（静态工作电流）。

R7——VT2 的发射极电阻。又起电压负反馈作用。

R8——VT2～VT6 静态工作电流保护电阻。以防止 RP2 调整时出现接触不良或开路现象，造成静态电流过大而损坏 VT5、VT6 功放管。

R9——VT3 的上偏置电阻，同时又是 VT2 的集电极电阻之一。改变 R9 阻值，影响到 VT2～VT6 静态工作电流。

R10、C9——组成自举电路。平时 R10 对 C9 不断地进行充电，使 C9 上储存了一定的电能。由于功放电路在较小功率状态下，中点电压波动较小，基本保持在 1/2 电源电压，所以使 C9 上的电能得不到释放。在无 C9 的情况下，当功放电路的输出功率增大时，中点电压降低，同时也通过 RP1 造成 VT2 的基极电流减小，从而使输出功率减少；由于输出功率的减小使中点电压又重新升高，使 VT2 的基极电流也升高，输出功率再次增大，下面就又回到开始的情形，结果出现音乐信号时高时低的现象。由于自举电路的存在，在中点电压降低时，C9 上的电能及时地向中点输送，使中点电压保持较小的变化，克服了音乐信号时高时低现象，同时还增加了功放电路的输出功率。

R11～R14——电压负反馈电阻。用以保护 VT5、VT6 在最大功率时，以免工作电流过大而损坏。

R15——R15 与 C5 组成交流负反馈电路。当功放电路有输出时，通过 R15 和 C5 取到一部分输出信号电压，使 VT1 发射极电位升高。输出功率越大，VT1 发射极电位比原先越高，使 VT1 基极电流减小，有效地防止功放电路大功率输出时所造成的失真现象。

R16——电阻 R16 与电容 C11 组成 RC 滤波电路。为 VT1 组成的前置预放级提供电源，以防止功放电路大功率输出时，电源电压的波动影响预放级。这样，当功率输出增大时，电源电压会有所降低，但由于 C11 上的储能作用，使前置预放级的电源电压得以相对稳定。

R17——电阻 R17 与电容 C10 组成高频干扰滤波电路。当电源中或信号源中出现高频干扰脉冲时，C10 迅速地将干扰信号对地短路，使输出信号得以纯净，有效地改善音质。

C1、C4——信号耦合作用。C1 将 X1 端的输入信号向 VT1 基极输送。C4 将 VT1 集电极端的输出信号向 VT2 输送。

C2、C6——电压负反馈作用。将三极管放大后的高频信号对基极进行反馈，使高频信号成分受到抑制，消除了音频信号中很难听的、比较烦躁的高音成分，从而改善了音质。

C7——发射极旁路电容，作用与 C3 相同。在交流信号放大时，相当于将电阻 R7 短路，提高工作效率。

C8——输出电容。将交流信号输出给扬声器发声，而不影响电路的直流成分。

VT1——前置预放电路。以保证有足够的信号向后级推动，从而使输出有一定的输出功率。

VT2——倒相电路。对 VT1 输入的交流信号进行放大，并在集电极输出已被放大的信号。

VT3、VT4——为互补放大。分别对 VT2、VT4 的输出信号进行有选择地放大，自动完成对正半周或负半周信号进行放大。

C9、R10 组成互补对称放大级的自举电路。为了尽量提高输出功率，总是使互补级工作在接近饱和或接近截止状态，为此互补级电流就会增大，实际上就是发射极电流增大。互补放大电路是共集电极放大的电路形式，其电压放大增益接近为 1。当发射极电流增大时就需要基极电流也同时增大，基极电流增大就使 R9 上的压降增大，从而阻碍了 VT3、VT4 的基极电流的增大，也牵制了发射极电流的增大。加入自举电路以后，在无信号输入时，C9 通过 R10 获得电源的充电为 1/2 电源电压，这电压与互补功放的中心电压一致；有信号输入时，互补级电流增大使基极电流增大，由于 C9 上的电能对中心端电压进行补充，增大了 VT3、VT4 的基极电流，使 VT3、VT4 基极回到原先的状态上，使它们的工作得以稳定，比无自举电路时增加了输出功率。

在互补级两只三极管的发射极或集电极串有一只负载电阻 R11 和 R12，以便为后级提供推动信号。

经过 VT3、VT4 的放大，输出功率比较小，故在 VT3、VT4 的后面加了一级功放级。末级功放级由 VT5 和 VT6 组成，均采用 NPN 三极管,为了降低制作成本,也是为了方便以后的装配。在 VT5、VT6 的发射极各串入一只电压负反馈电阻 R13、R14,用以稳定工作点,并能有效地保护 VT5 和 VT6。

(2)清点所有元器件数量。清点所有元器件的数量的工作是十分重要的,特别是在等级工考核时或者是在技能比武时尤其重要。

对表 4—1 的元器件进行清点,该 OTL 功放电路由 17 个电阻器、2 个可调电阻器、4 个电容器、7 个电解电容器、2 个二极管和 6 个三极管组成。其中在 6 个三极管中,有 3 个 NPN 型小功率三极管,一个 PNP 型小功率三极管和 2 个 NPN 大功率三极管。

表 4—1　　　　OTL 功放电路元器件一览表

序号	名称	规格型号	数量	文字符号
1	电阻器	RJ—1/4 W—120 kΩ	1 个	R1
2	电阻器	RJ—1/4 W—10 kΩ	2 个	R2、R17
3	电阻器	RJ—1/4 W—4.3 kΩ	2 个	R3、R9
4	电阻器	RJ—1/4 W—2 kΩ	1 个	R4
5	电阻器	RJ—1/4 W—180 Ω	1 个	R5
6	电阻器	RJ—1/4 W—5.1 kΩ	1 个	R6
7	电阻器	RJ—1/4 W—200 Ω	4 个	R7、R11、R12
8	电阻器	RJ—1/4 W—470 Ω	1 个	R8
9	电阻器	RJ—1/4 W—1 kΩ	1 个	R10
10	电阻器	RJ—1/4 W—1 Ω	1 个	R13、R14
11	电阻器	RJ—1/4 W—100 kΩ	1 个	R15
12	电阻器	RJ—1/4 W—6.2 kΩ	1 个	R16
13	可调电阻器	100 kΩ(多圈调节式)	1 个	RP1
14	可调电阻器	1 kΩ(多圈调节式)	1 个	RP2
15	电容器	CD—2.2 μF/25 V	2 个	C1、C4
16	电容器	CC—220 pF	2 个	C2、C6

续表

序号	名称	规格型号	数量	文字符号
17	电容器	CD—100 μF / 16 V	4个	C3、C7、C9、C11
18	电容器	CL—56 nF/ 50 V	1个	C5
19	电容器	CD—1 000 μF / 16 V	1个	C8
20	电容器	CL—104	1个	C10
21	二极管	1N4148	2只	VD1、VD2
22	三极管	CS9013	3只	VT1、VT2、VT3
23	三极管	CS9012	1只	VT4
24	三极管	E13003	2只	VT5、VT6
25	多用电路板	150 mm×100 mm	1块	
26	松香焊锡丝	ϕ0.8 mm	5 m	
27	涂锡连接线		2 m	

（3）测量所有元器件。测量元器件是一个比较重要的环节，可以提前发现损坏的元器件，避免坏的元器件装上多用电路板后在调试时带来更大的困难。通过对元器件的测量，特别是对三极管的测量，可以将不同放大倍数的三极管装在合适的电路位置上，让电路起到更好的工作效果。

本功放电路共使用 6 只三极管，其中 VT1、VT2 的 β 值选择在 100～150 之间；对 VT3、VT4 的 β 值没有要求，但它们的 β 值必须相同或相近，两管的 β 值参数差距不能大于±5%。VT5、VT6 的 β 值选择在 50～100。VT1 使用 9013 型或 9014 型，VT2 和 VT3 使用 9013 型，VT4 使用 9012 型，VT5、VT6 使用 E13003 型大中功率低频三极管。

测量 OTL 功放电路的元器件可以使用万用表，就能达到较好的测量效果。

（4）在多用电路板上进行元器件的整体布局。在多用电路板上进行合理的整体布局，关系到连线是否方便、合理和正确，还关系到整体的美观。在对多用电路板上的元器件进行整体布局时，要使用到 Protel–99SE 的设计知识，使所有连线不出现交叉的现象。

通过对 OTL 电路图的分析，可以看出只有 C9 的负极与 C8 的正极连接的一根线是穿过元器件的，而其他元器件之间的连接都是很近、很短的。所以，在布局时要对这一根线的走向进行重点考虑。

布局构思时可以先画在纸上，然后按照纸上的草图进行对多用电路板的正式插装。图 4—4 所示是 OTL 功放电路的参考布局示意图。

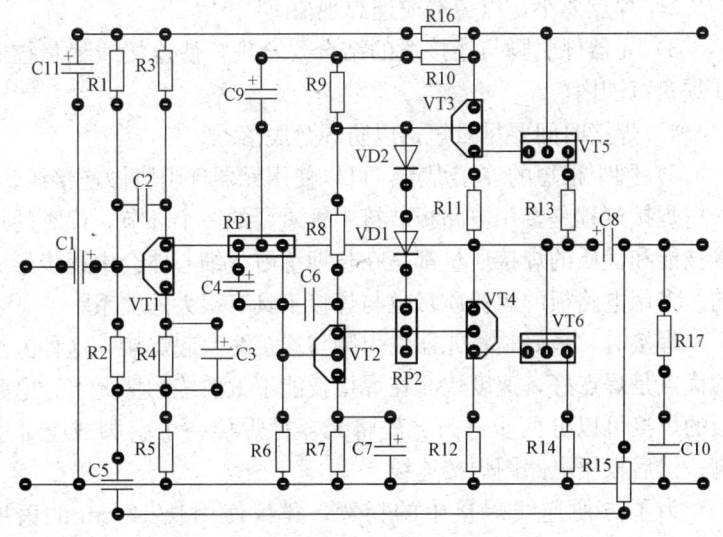

图 4—4　OTL 功放电路的装接布局图

(5) 元器件插装。为了避免连线断点过多而影响焊接质量，在多用电路板的焊接中，通常将同一根连线上连接的元器件用一根连线进行连接。这样就需要将同一根连接线上的所有的元器件都要首先插装在多用电路板上。由于元器件有高低和大小的差异，当元器件插装好后，很难将所有元器件进行临时固定，一旦把多用电路板翻过来后，高的元器件得到桌面的支撑而保持了相对的固定，而小的、矮的元器件就会掉下。为此，可以采用胶带把插装的元器件进行临时固定的方法，焊接后再把胶带去掉。

插装前，应将相关元件进行成形，如将电阻器成形成卧式等。插装时应尽量将元器件紧贴板面，以求元器件的稳固。插装中应尽量使元器件的引脚垂直，以方便以后的焊接。

（6）焊接元器件及线路连接。多用电路板具有焊点小、点距密、焊盘容易脱落等特性。要保证多用电路板的焊接质量，必须要注意以下几点：

1）焊接要一步到位，不能多次重复焊接一个焊盘。

2）焊点要小，以免造成连焊现象。

3）元器件引脚与连接线的结合要合理，使连接线尽量控制在焊盘范围内。

4）焊接时间要尽量短，以防焊盘脱落。

5）脚距很短的连接焊点，可以使用元器件引脚做连接线。

焊接过程是多用电路板装接中很重要的一个环节，优秀的焊接技能和优质的焊接质量都是在长期练习、细心体会中逐步形成的。多用电路板的焊接质量也与焊接工具有很大的关系。

焊接时，最好是将元器件引脚与连接线一起焊接，这种方法的优点是焊点好，速度快。在焊接技能不太熟练的情况下，电路板的焊接可以分两步进行：先将元器件焊接一个引脚或全部引脚；然后根据电路图焊接连线。

为了方便连线焊接中的拐弯，建议使用长 12 cm 的医用镊子。

为了方便电路的调试，在信号输入端和信号输出端都要焊接一个连接线（见图 4—2）。

（7）剪切元器件引脚，检查焊接质量与连线质量。焊接好的元器件，应根据自己的需要对元器件引脚进行剪切，并对焊接质量进行反复仔细检查。

对装接质量的检查，通常采用直观检查法。就是直接用目测的方法进行检查。直观检查法的优点是简便，直观，不需要使用焊接工具和仪器仪表。对元器件引脚间的碰连、焊点的连焊、漏焊、错焊现象，都能用直观法将其查出。

（8）OTL 功放电路的调试。电子电路装接后要保证其能正常工作，就必须对其进行调试。OTL 功放电路的调试分为静态调试和动态调试两个部分：

1）OTL 功放电路的静态调试。电路的静态调试，就是调试电路的各级的工作点，在 OTL 电路中尤其重要，因为 VT2～VT6 是直接连接的，它们的工作点是互相联系的。

①首先将直流稳压电源的输出电压调到 8 V，先用较低电压对 OTL 电路进行预调试，这样可以很大程度地起到对被调试电路的保护作用。

②将 X1 引线与 X2 引线临时短路，以消除输入端对静态工作点调试的影响；将 RP1 和 RP2 逆时针调到底；将电源输出夹子接到 X3 引线和 X5 引线（正、负不能接错）。打开电源开关后就迅速关掉电源，观察电源上的电流表的瞬间反应。该 OTL 功放电路的整机静态工作电流为 10～15 mA 之间。如果电流表的读数正常，就可以继续进行调试；如果电流表的读数较大，说明电路板在装接中存在问题，应停止调试，并对电路板进行检查。

③将电源输出电压调到 12 V，再将电源输出夹子接到 X3 引线和 X5 引线上（正、负不能接错）；将万用表挡位调至直流 10 V 挡，黑表笔接 X5 端。

④打开电源开关，观察电流表的读数应为正常。用红表笔测 VT1 的 e 极电压为 1.5 V 左右，则 VT1 的静态工作电流为 1.5 mA 左右。

⑤顺时针调整 RP1 可调电阻器，用红表笔测量中点电压值（C8 负极以及与其相连接的各个引脚），应为略大于 1/2 电源电压值。顺时针调整 RP2 可调电阻器，使整机电流在 15 mA 以内。RP1 与 RP2 的调整有相互影响，应反复调整多次，然后关闭电源。

⑥取消 X1 与 X2 的短接线，在 X4 与 X5 端接上喇叭（4 Ω、

10 W 以上喇叭)。打开电源,观察电流表应为正常。用镊子接触 X1 端,喇叭中应能发出较大的响声。

2) OTL 功放电路的动态调试。OTL 功放电路的动态调试,主要是观察功放电路在对信号进行放大时,功放电路中心电压的摆动情况以及 OTL 功放电路的输出功率和失真度。

OTL 功放电路的动态调试是用信号发生器输出的音频信号作为 OTL 功放的输入信号的一种调试,也可以使用 MP3 等设备输出的信号作为输入信号。

①在 X1、X2 端接上音频信号发生器的输出信号,输出信号是一个频率为 1 000 Hz、信号幅度约为 100 mV 的正弦波;在 X4、X5 端接上扬声器;在扬声器两端接上示波器或毫伏表;在 X3、X5 端接上电源输出线。

②打开电源开关,扬声器中应发出 1 000 Hz 音频声,在示波器的屏幕上应为线性良好的输出波形,输出功率约为 3 W。

OTL 功放电路在 12 V 工作电压、8 Ω 负载的条件下,可输出 2 W 的输出功率。功放电路输出功率的简单计算方法

输出功率=(输出信号电压)^2÷负载阻抗,即:

$$P_{CM}=U^2÷R$$

③如使用 MP3 等设备的音乐输出信号时,应将音量电位器调节到中等音量位置,使 OTL 功放输出不失真。

④用万用表电压挡测量 OTL 功放电路的中心电压(C8 负极以及与其相连的各个引脚),中心电压值应在 1/2 电压摆动,摆动越小 OTL 功放电路的工作性能越好,也说明 VT3 与 VT4 以及 VT5 与 VT6 匹配得越好。

⑤该功放电路在动态状态的最大输出时,整机电流为 100 mA 左右。

(9) OTL 功放电路的故障检修。如果 OTL 功放电路出现故障,或其他电路需要进行检修时,通常可以采用以下几种方法进行。

1) 直观检查法。直观检查法就是直接用目测的方法进行检

查。直观检查法的优点是：方法简便、直观，不需要使用焊接工具和仪器仪表。对出现严重过电流的、其表面已有明显反映的元器件，很容易检查到。对元器件引脚之间的碰连，焊点的连焊、漏焊、错焊现象，都能用直观法对其查出。

2) 电压、电流测量检查法。电压、电流测量法就是直接测量电路的相关电压值和电流值的方法。该测量法由万用表协同来完成。电压、电流值的测量，能直接反映被测电路的工作状态，所以这种测量法查找故障的准确率比较高。

①电压测量检查法。使用万用表的直流电压挡对电路的各点电位进行测量及检查的方法叫电压测量检查法。例如，工作电源为正电压，则黑表笔接地（电路的负电压端），红表笔接各测量点；反之，红表笔接地，黑表笔接各测量点。

在测量时，要对测量点适当用力，以保证测量点接触良好；但也要注意用力过大使表笔打滑，而造成焊盘之间的测量短路。在能看清楚表盘读数的前提下，应尽量使用高电压测量挡，以提高测量精度。

②电流测量检查法。使用万用表的直流电流挡对电路回路进行电流测量及分析检查的方法叫电流测量检查法。测量时，将红、黑表笔串入被测电路之中，使电路的工作电流流过万用表而产生读数。由于需要将两根表笔同时串入电路中，需要将被测点先断开，然后才能进行测量，所以电流测量法测量时比较麻烦。在进行某一些电流值的测量时，可以利用欧姆定律进行电流值的换算而间接地进行测量。先测量需要测量电流值的相关回路的电压值，然后通过欧姆定律，算出该点的电流值。例如，测得某发射极电阻两端电压为 1.2 V，发射极电阻值为 1 kΩ，则该电路的集电极电流大约为 1.2 mA（其中包括较小值的基极电流 I_b）。

③仪器仿真测量检查法。仪器仿真测量检查法就是用仪器（如示波器等）对电路进行测量的方法。这种测量能直接看到电路在动态情况下的工作状态、工作性能、工作波形，所以称为仿真测量。对低频电路进行查找故障，通常采用示波器和低频信号发生器。用仪器

仿真测量检查法查找故障：速度快，准确率高，但测量中的连接线路比较复杂，还需要一些仪器，所以以业余条件下使用得比较少。

通过自行安装、调试成功的 OTL 功放电路，在欣赏音乐时，一定会有另一种感觉。更主要的是从中学到了新的知识和技能，这些知识和技能对以后的就业和专业的发展，将会有很大的帮助。

2. 印制电路板的装接实践

各种电子产品的控制电路板都是用印制电路板（见图 4—5）来对各种元器件进行装接，以达到形成电路原理的运行效果。

图 4—5　印制电路板

印制电路板的装接技能是建立在多用电路板装接技能之上的一种专业技能，是电子产品生产中不可缺少的一种工作技能。

对印制电路板的装接，在企业生产中都是以流水生产线的形式进行，以起到提高装接质量、装接产量的有效控制。

下面通过"数字电路水塔自动供水控制装置"来阐述印制电路板的装接实践。

图 4—6 所示为"数字电路水塔自动供水控制装置"电路图。

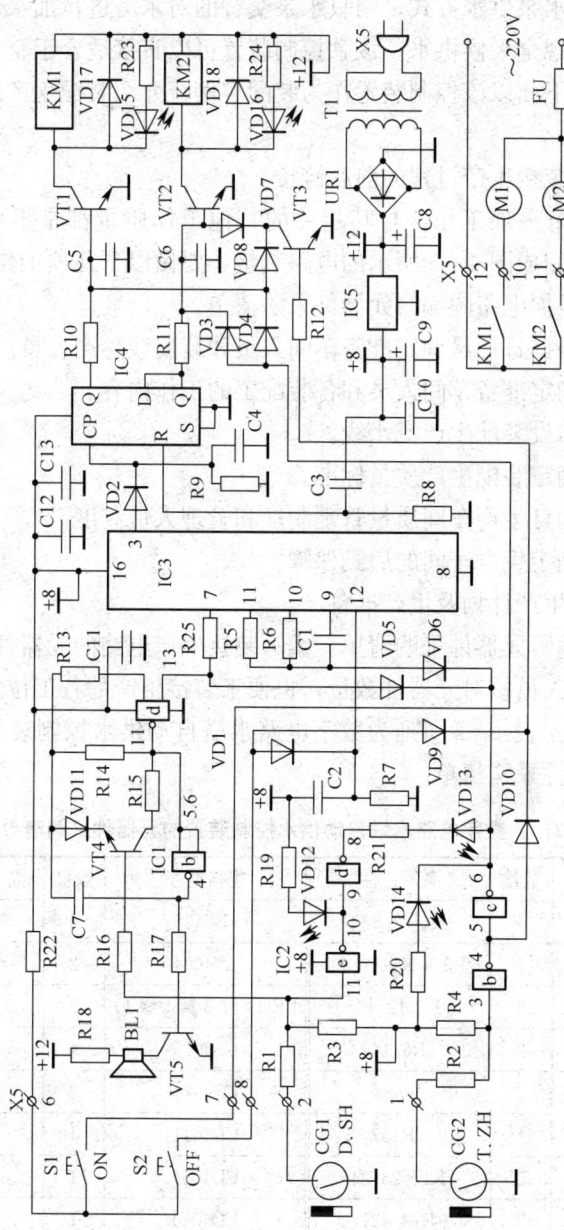

图 4—6 数字电路水塔自动供水控制装置电路图

它采用双水泵供水方式,两只水泵交替的对水塔进行加水,从而使水塔实现全天候供水。该款控制装置可以直接适合于企业的供水系统。下面以该控制装置作为装配实例,介绍装配生产的生产全过程。

(1) 装接生产过程的前后链接

要做好一项工作,与其相关的其他工作质量都是不可忽视的。为了完成图4—6所示的电路装接,要做以下几项工作:

1) 根据电路图编写元器件采购清单。
2) 根据日产量确定准备车间人员和装配线生产人员。
3) 确定准备车间人员和各装配工的工作内容。
4) 布设装配生产流水线。
5) 确定装配生产质量标准。
6) 制订生产车间质量管理制度和管理人员制度。
7) 确定生产车间的后勤保障。

(2) 生产计划及生产准备

1) 编写元器件采购清单。编写装接生产电路的元器件清单,便于仓库人员核对元器件数量,也便于装接生产的各工位人员领取元器件。表4—2所列为数字电路水塔自动供水控制装置电路图的元器件采购清单。

表4—2　数字电路水塔自动供水控制装置的元器件采购清单

规格型号	数量	备注	规格型号	数量	备注
RT-1KJ	3	R1.2.22	1N4148	6	
RT-22KJ	7	R3.4.9~12.25	1N4004	2	
RT-100KJ	3	R5.13.16	LED(红3黄1绿1)	5	
RT-68KJ	2	R6.14	CS9013	4	
RT-470KJ	2	R7.8	CS9014	2	
RT-150KJ	1	R15	CD4011	1	
RT-4K7J	3	R17.23.24	CD4069	1	
RT-3K9J	3	R19~21	CD4060	1	

续表

规格型号	数量	备注	规格型号	数量	备注
RT—R47J	1	R18	CD4013	1	
CI—1 000 pF	1	玻璃釉电容器	LM7808	1	
CL—100 nK	4	涤纶电容器	桥堆	1	1BP10
CC—103	2	瓷片电容器	继电器	2	JQX—14FC
CL—103	1	瓷片电容器	熔丝管 5 A	1	$\phi 5 \times 20$ mm
CD—2 200 μf /16 V	1	电解电容器	电源变压器	1	220 V/10 V, 5 W
CD—470 μf /16 V	1	电解电容器			

2) 确定生产人员及工作内容。准备车间人员和装配线生产人员数量,根据日生产量确定。

①准备车间生产人员和工作内容。如按照日生产 200 台产量计算,准备车间应安排 3 人:其中 1 人主要负责对数字集成电路的测量,2 人负责导线的加工和部分元器件的引脚涂锡。

②装配车间生产人员和工作内容。按日产量 200 台计算,装配线大概需要 8 人,其中 1 人安排在装配工序的最后面,负责安装 12 位接线排、4 个集成块、12 只继电器及检查 1-7 工位的装配质量;管理和机动;其余 7 人中:8 根连接线及 5 只电阻管,由 1 人安装,并负责拿取印制电路板;1 人装配 15 只电阻器;1 人装配 5 只电阻器和 13 只二极管;1 人装配 IC1~IC4 插管;1 人装配 11 只电容器;1 人装配 5 只发光二极管和 5 只三极管;1 人装配 2 只电解电容器和蜂鸣器、IC5 及 UR1。每个工位每块印刷电路板的装焊时间约为 5 min。

③调试、总装车间生产人员和工作内容。调试车间安排 2 人,一个人只负责调试,另一个人为调试及总装(安装电源变压器、11 位接线排)和运输。

3) 布设装配生产流水线。生产流水线根据生产车间的大小进行设计，可以排成 U 形或是一字形。如果设立两个运输进出口，则一字形流水线比较合适；如果为了方便管理，则 U 形流水线比较合适。

生产流水线的每个工位都要有一定宽度的工作平台，即工作作业面。作业面上除了放置装配的印制电路板以外，还要放置装配工放置元器件的元件盒和焊接工具。在工作区域的上方还要安装照明设备，以保证每个装配工位有合适的照明要求和安全要求。

装配印制电路板在装配生产流水线上的运输方式，可以采用自动传输生产流水线，也可以采用人工传输的生产流水线。自动传输生产流水线的生产管理更为严谨和规范。人工传输时，前一个工位将装好的电路板放在自己工位的下手，即下一工位的上手。通过这种接力传输，也能达到较好的生产效果，比较适合中小型企业采用。

4）确定装配生产质量标准。确定生产质量标准是保证质量的前提。在布设生产流水线时，就要将每个工位的质量标准加以制定，使每个生产人员都有据可依，自觉搞好生产质量。还要使生产质量标准的制定简单明了，让操作工好记，让管理人员好查。

5）制订生产车间质量管理制度和管理人员制度。制订各生产车间的质量管理制度，就是分解了产品总质量的各个质量环节，是产品总质量的具体体现和保证，是保证产品质量的"企业法律"。每个人都要严格执行。

管理人员是"企业法律"的具体执行者。管理人员必须要有对企业的高度责任感和奉献精神。对待产品质量就好比是保护自己的眼睛一样，认真负责，一丝不苟。

6）确定生产车间的后勤保障。后勤保障是企业生产得以顺利进行的保证。后勤保障包括所有的元器件、生产中的辅助材料（如焊锡等），以及其他设备和材料的供应。

（3）印制电路板装配生产过程

与装配生产相关的一些工作都是为装配生产服务的,而装配质量又是整机质量的重点。装配质量达到了生产要求,才能使调试等几项后续工序得以顺利进行。

通常有两种装配方式,一种是学习阶段使用的一人一装的方法,适合小型企业人少的条件下使用,缺点一是一人要装接所有元器件,很容易出现错误;二是生产效率比较低。这种方法也是学校常用的一种装接方法。另外一种是适合规模生产的流水线生产方法,优点是错误率低,生产效率高,监管好;缺点是生产人员较多。实际学习时,两种装接方式都应该进行练习。

1) 一人一装方式的装接步骤

①熟悉印制电路板的安装布局,熟悉每个元器件的安装位置,以保证达到最好的装配质量。

②对元器件引脚进行成形

a. 电阻器、二极管按卧式装配方式要求进行成形。

b. 对某些大功率的发热元器件架空式的卧式成形。

③各元器件的装接顺序

a. 装接连接线。

b. 装接电阻器、二极管。

c. 装接 IC1~IC4 集成电路插座。

d. 装接三极管、小型电容器。

e. 装接接线排。

f. 装接电解电容器。

g. 装接 IC5。

h. 插装 IC1~IC4。

④对元器件引脚进行剪脚,检查焊接质量。

2) 流水线装接生产方式的装接步骤。根据元器件的数量,由 7 人组成装配组,具体工作程序如下:

①第一装配工位。第一装配工位的工作是检查印制电路板的质量、安装 8 根连接线和 5 只电阻器。

a. 装配内容

a) 检验印制电路板的质量。

b) 安装 8 根连接线。

c) 安装电阻 R1、R2、R18、R22 和 R15。

b. 装配要求

a) 检验印制电路板是否符合质量要求。

b) 连接线、电阻器安装平整。

c) 焊点符合要求，无漏焊、虚焊和连焊。误差率不超过 5%。

d) 剪切露出焊点以外的连接线及电阻器引脚。

c. 装配步骤

a) 检查印制电路板的质量。检查印制电路板是否有断线、连线、偏孔等现象。

b) 将 8 根连接线按照连接线的安装方法逐一进行安装，连接线采用卧式安装方式。

用焊接夹板压在印制电路板上，再用夹子将电路板与夹板夹紧，以防连接线从电路板上漏掉。再将印制电路板翻转 180°，印制电路板的线路面朝上，以方便焊接。

焊接压板的制作：取一块与印制电路板体积相仿的五合板或三合板，再取与五合板体积相仿的海绵一块，再取与五合板体积大 2 倍的棉布一块。

将海绵平放在五合板上，再用棉布将海绵紧包在五合板上，用棉线将布边缝合，也可以用医药胶皮膏将布边粘合。

c) 按焊接标准对元器件进行焊接。例如，将 5 只电阻器按卧式形式进行插装，插装后用焊接压板将电阻器压住并用夹子夹紧，然后将电路板翻转 180°（焊盘朝上），用电烙铁对电阻器进行逐一焊接。

d) 剪切连接线和电阻器的引脚，留下的引脚长度应符合标准。

e) 检查插装、焊接、剪脚质量。检查插装、焊接、剪脚质量。

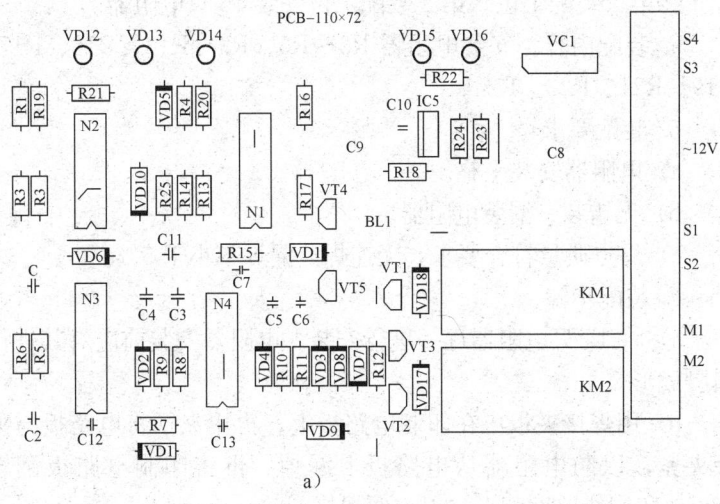

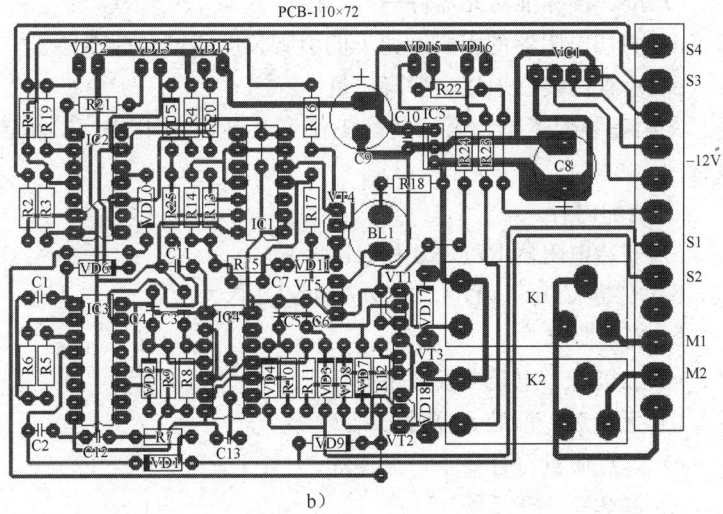

图 4—7 数字电路水塔自动供水控制装置装配图
a) 元器件面示意图　b) 印制电路板装配示意图

②第二装配工位。第二装配工位安装15只电阻器。

a. 装配内容。安装电阻器 R3~R5、R9~R13、R16、R17、R19~R21、R23、R24。

b. 装配要求

a）电阻器安装平整。

b）无错装、漏装电阻器。

c）焊点质量符合要求，无连焊。漏焊率小于5%。

c. 装配步骤

a）将15只电阻器逐一进行安装。电阻器安装前应对其进行引脚成形。

b）用焊接夹板压在印制电路板上，再用夹子将电路板与夹板夹紧，以防电阻器从电路板上漏掉。再将印制电路板翻转180°，印制线路面朝上，以方便焊接。

c）按焊接标准对元器件进行焊接。

d）剪切电阻器的引脚，留下的引脚长度应符合标准。

e）检查插装、焊接、剪脚质量。

③第三装配工位。第三装配工位安装5只电阻器、13只二极管。

a. 装配内容

a）安装电阻器 R7、R8 和 R14。

b）安装 VD1~VD11、VD17 和 VD18。

b. 装配要求

a）二极管、电阻器安装平整。

b）无错装、漏装元器件。

c）焊点质量符合要求，无连焊。

d）漏焊率小于5%。

e）剪切露出焊点以外的元器件引脚。

c. 装配步骤

a）将5只电阻器和13只二极管逐一进行安装。电阻器和二极管安装前应对其进行引脚成形。

b）用焊接夹板压在印制电路板上，再用夹子将电路板与夹板夹紧，以防电阻器或二极管从电路板上漏掉。再将印制电路板翻转180°，印制线路面朝上，以方便焊接。

c）按焊接标准对电阻器和二极管进行焊接。

d）剪切电阻器和二极管的引脚，留下的引脚长度应符合标准。

e）检查插装、焊接、剪脚质量。

④第四装配工位。第四装配工位安装IC1～IC4插座。

a. 装配内容。安装IC1～IC4插座。

b. 装配要求

a）IC插座安装平整，高度一致。

b）焊点符合要求，无漏焊、虚焊和连焊。误差率不超过5%。

c. 装配步骤

a）对IC1～IC4插座引脚进行整形，使每个引脚垂直，并使每个引脚的脚距与PCB板孔距相吻合。

b）逐一安装IC1～IC4插座。

c）检查插装、焊接质量。

⑤第五装配工位。第五装配工位安装11只电容器，即C1～C7，C10～C13。

a. 装配内容。安装C1～C7，C10～C13。

b. 装配要求

a）插件安装正直，C1～C4和C10～C13及C5～C7的安装高度应相仿。

b）焊点符合要求，无漏焊、虚焊和连焊。误差率不超过5%。

c. 装配步骤

a）安装11只电容器。11只电容器采用立式安装方式，插装后用焊接夹板压住电容器，再将焊接压板与电路板同时翻转180°，印制线路面朝上，以方便焊接。然后对8只电容器进行焊接。

b）剪切电容器的引脚，留下的引脚长度应符合标准。

c）检查插装、焊接、剪脚质量。误差率不超过5%。

⑥第六装配工位。第六装配工位安装发光二极管VD12～

VD16（分别是黄、绿、红、红、红），三极管 VT1～VT5。

a. 装配内容。安装 VD12～VD16，VT1～VT5。

b. 装配要求

a) 发光二极管和三极管安装正直。

b) VD12～VD16 和 VT1～VT5 的安装高度要相仿，焊接发光二极管的焊接时间要尽量短，以防损坏元器件。

c) 剪切发光二极管和三极管引脚，留下的引脚长度应符合标准。

d) 焊点符合要求，无漏焊、虚焊和连焊。误差率不超过 5%。

c. 装配步骤

将 5 只发光二极管逐一进行安装。

用焊接夹板轻轻压住电路板，再将焊接压板与电路板同时翻转 180°，印制线路面朝上，以方便焊接。

按焊接标准对 5 只发光二极管进行焊接。焊接发光二极管的焊接时间要尽量短，以防损坏元器件。

安装 5 只三极管。5 只三极管插装后用焊接夹板压住元器件，再将焊接压板与电路板同时翻转 180°，印制线路面朝上，以方便焊接。

剪切元器件的引脚。元器件留下的引脚长度应符合标准。

检查插装、焊接、剪脚质量。

⑦第七装配工位。安装电解电容器 C8，C9，蜂鸣器 BL1，三端稳压块 IC5 和整流桥 UR1。

装配内容：

安装 C8，C9，BL1，IC5，UR1。

装配要求：

按照 BL1、C8、C9、IC5 和 UR1 顺序进行插装。

元器件安装正直。

焊点符合要求，无漏焊、虚焊和连焊。误差率不超过 5%。

剪切露出焊点以外的元器件引脚。

⑧第八装配工位。安装继电器 K1、K2，安装 12 位接线排，安装 IC1~IC4，检查第一工位至第七工位的装配质量，并进行补焊和质量记录。

a. 装配内容

a）安装 K1、K2。

b）安装 11 位接线排。

c）安装 IC1~IC4。

检查第一工位至第七工位的装配质量，并进行补焊和质量记录。

b. 装配要求

a）元器件安装正、直。

b）焊点符合要求，无漏焊、虚焊和连焊。

c）剪切露出焊点以外的元器件引脚。

漏焊率小于百分之 5%。

c. 装配步骤

将 4 个集成电路逐一进行安装。插装集成电路时，不能把集成电路的引脚压弯。集成电路插装要平整。对 4 个集成电路的各引脚进行焊接。其焊点要小，不能造成焊点连焊。

安装 2 只继电器。在插装继电器时，继电器插装要平整。对 2 只继电器进行焊接。继电器的安装焊盘比较大，但焊接的时间不能太长，以免影响继电器的使用质量。

安装 11 位接线排。接线排插装时要将接线排底部紧贴线路板，确保接线排的稳固，以适应接线时旋具对接线排的下压力度。

元器件的引脚。元器件留下的引脚长度应符合标准。

检查插装、焊接、剪脚质量。

检查其他装配工位的焊接质量。

对装配生产流水线进行管理。

如有去卫生间的工位应进行临时补位。

在电路板上贴上装配工工号标志。

（4）印制电路板装配中的调试

1）调试设备及器材

①12 V 直流稳压电源 1 台。

②12 V/100 mA 指示灯泡 2 只。

2) 调试方法。按照图 4—8 所示的单板调试接线图进行接线。为了方便调试, 应在阻值 470 kΩ 的电阻 R6 上临时并接一个 68 kΩ 的电阻, 这样继电器 KM1、KM2 的交换时间将约为 3 min, 即从 IC3—③脚输出一个脉冲的时间周期约为 3 min。

①接通直流稳压电源开关。VD12（黄色指示灯）亮起, 测量 C9 正极处为 8 V 电压值, 此时继电器 KM2 吸合、VD16 亮, 说明电路已基本正常。若 VD14 亮, 说明水塔中的水量已到最低水位, 而需要进行供水, VD14 采用红色指

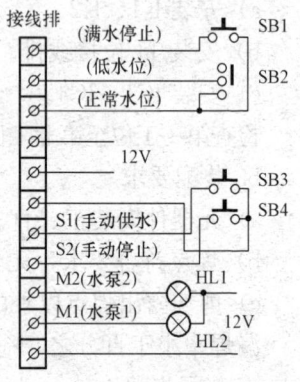

图 4—8 单板调试接线图

示灯以表示"无水"报警。与此同时, 蜂鸣器发出 1 000 Hz 的音频信号, 同时 HL1 灯泡亮, 表示"水泵 2"开始工作。

②按下 SB2 按钮, VD12 灭, VD13（绿色）指示灯亮, 说明水位已进入正常水位区。此时, HL1 仍然亮着（表示水泵 2 在供水）。

③按下 SB1, VD13 灭, VD14（红色）指示灯亮, 说明水塔中的水已满。此时 HL1 或 HL2 灯灭, 表示水泵 2 或水泵 1 停止运行。

④按下调试板上的按钮 SB3, 继电器 K1 和 K2 同时吸合, VD15 和 VD16 同时亮起, 调试板上的灯泡 HL1 和 HL2 同时亮, 表示水泵 1 和水泵 2 被电路强行控制运行。

⑤按下调试板上的 SB4 按钮, 继电器 KM1 和 KM2 应同时释放, VD15 和 VD16 同时灭, 调试板上的灯泡 HL1 和 HL2 同时熄, 同时 IC3 内部振荡器停止工作, 测量 IC3 的⑫脚电压值为 8 V 左右的高电位。

⑥在企业生产中, 对已经通过正常调试的印制电路板, 应贴上调试工位的工号, 便于质量的评估, 对质量的检查和跟踪, 以

及产品的售后服务,对加强企业管理有很大的直接关系。

(5) 印制电路板装接调试中的故障检修

1) 如果 KM1 或 KM2 不吸合,VD15 或 VD16 以及 HL1 或 HL2 灯不亮。

①在 SB3 按下时,用万用表分别测量 VT1 和 VT2 的基极电压,应大于 0.7 V。如基极电压正常,则是 VT1 或 VT2 损坏或是装错;或是 VD17、VD18 极性装错;如 VT1 或 VT2 的基极电压低于 0.7 V 或无,则是 VD3 或 VD4 损坏或极性装错。

②如果 VD15、VD16 亮,而 KM1 或 KM2 不动作。则是 KM1 或 KM2 继电器电磁线圈损坏,应更换继电器。

③如果 VD15、VD16 亮,KM1、KM2 动作,但指示灯 HL1 或 HL2 不亮,则是 KM1 或 KM2 的触点损坏,应更换继电器。

④如果 HL1、HL2 亮,但 VD15 或 VD16 不亮,则是 VD15 或 VD16 装反。

2) 如果 KM1 和 KM2 不释放,VD15 或 VD16 以及 HL1 和 HL2 不灭。

①在 SB4 按下时,用万用表测量 VT3 的集电极电压应低于 0.7 V。如电压正常,则是 VD7 和 VD8 极性装反或是其中一只二极管装反;如电压大于 0.7 V,则再去测量 VT3 的基极电压值,应大于 0.7 V。如无,则是电阻 R12 开路或损坏,或是 VT3 损坏。

②如果 VD15、VD16 灭,KM1、KM2 释放。但灯泡 HL1 或 HL2 还亮,则是继电器触点损坏,应更换继电器。

③如果 IC3 的⑫脚为低电位,则是 VD1 极性接反。

通过以上的调试,水塔自动供水控制装置电子电路就能正常工作。至此,水塔自动供水控制装置电子电路的装接工作就告结束。

通过以上电子产品生产实例,从中可以看出装配工序(装接工序)是电子产品生产中人员较多、工作工位较多的一个工序。装配工序是一个以装接工为主体的生产群体,并与整机生产的后续工序关系密切,与产品的质量关系密切。

装配工要不断提高敬业精神,不断提高技能水平,更好地明确自身职责的重要性，更好地做好本职工作，为企业的不断发展作出应有贡献。

单元总考核

考核内容

在 150 min 内完成对 OTL 功放电路的装接考核。

考核方法

1. 老师提供考核元器件，并掌握考核时间。
2. 学生自带考核工具。

评分标准

1. 元器件布局合理。（20 分）
2. 焊接好全部元器件，焊点符合要求，元器件装接正直。（30 分）
3. 连线正确、合理、无交叉现象。（50 分）
4. 元器件布局不合理，每个元器件扣 0.5 分。
5. 焊点不符合要求，每个焊点扣 0.1 分。
6. 元器件插装不合理，每个焊点扣 0.1 分。
7. 连焊、虚焊，每处扣 5 分。
8. 连线错误，每处扣 5 分。
9. 连线走线不合理，扣 1~5 分。

练习

1. 做好装接工的意义有哪些？
2. 多用电路板的装接步骤有哪些？
3. 在多用电路板装接时，应注意哪些事项？
4. 对于印刷电路板的装接，为什么要提倡按照流水线的生产方式进行？
5. 简述某个装配工位的装配内容、装配要求和装配注意事项。

培训学时建议

本书需 30 天左右培训教学时间,整体培训时间分配见下表。

章节内容	讲授	实训	总课时
第一单元　电子元器件的识别与测量技能	18 课时	50 课时	68 课时
模块一　电阻器的识别与测量技能	6 课时	15 课时	21 课时
模块二　电容器的识别与测量技能	2 课时	11 课时	13 课时
模块三　二极管的识别与测量技能	4 课时	10 课时	14 课时
模块四　三极管的识别与测量技能	6 课时	14 课时	20 课时
第二单元　电子元器件的插装与导线加工技能	3 课时	18 课时	21 课时
模块一　元器件的引脚成形技能	1 课时	6 课时	7 课时
模块二　元器件的插装技能	1 课时	6 课时	7 课时
模块三　导线的加工技能	1 课时	6 课时	7 课时
第三单元　电子元器件的焊接与拆焊技能	5 课时	29 课时	34 课时
模块一　元器件的焊接技能	3 课时	18 课时	21 课时
模块二　元器件的机器焊接	1 课时	1 课时	2 课时
模块三　元器件的拆焊技能	1 课时	10 课时	11 课时
第四单元　电子产品电路的装配实践	3 课时	10 课时	13 课时

注:每周 34 课时。其中周一至周四每天为 7 课时,周五为 6 课时。

参 考 文 献

1. 陈余寿主编. 电子技术实训指导. 北京：化工工业出版社，2001.
2. 段雨辰. 正确使用指针式万用表. 北京：电子世界，1996.
3. 朱国兴主编. 电子技能与训练. 北京：高等教育出版社，1996.
4. 牛新国编. 电子技术常用数据手册. 北京：科学技术文献出版社，1995.
5. 李隆宝等编. 实用电子器件和电路简明手册. 北京：电子工业出版社，1991.
6. 朱建新等译. 常用无线电检测技术. 北京：电子工业出版社，1988.